# 图解

# 变通思维

甄知 编著

成都地图出版社

图书在版编目 (CIP) 数据

图解变通思维 / 甄知编著 . -- 成都：成都地图出
版社有限公司，2024.8. -- ISBN 978-7-5557-2607-4

Ⅰ . B80-49

中国国家版本馆 CIP 数据核字第 2024F7J265 号

图解变通思维

**TUJIE BIANTONG SIWEI**

编　　著：甄　知

责任编辑：陈　红

封面设计：春浅浅

出版发行：成都地图出版社有限公司

地　　址：成都市龙泉驿区建设路 2 号

邮政编码：610100

印　　刷：三河市泰丰印刷装订有限公司

开　　本：880mm×1270mm　1/32

印　　张：6

字　　数：150 千字

版　　次：2024 年 8 月第 1 版

印　　次：2024 年 8 月第 1 次印刷

书　　号：ISBN 978-7-5557-2607-4

定　　价：39.80 元

# 前言

你是否对人掏心掏肺，却伤痕累累？

你是否在工作中遇到瓶颈，却不知道怎么改变？

你是否做事拼尽全力，结果却不尽如人意？

…………

出现上述现象，大都是因为做人不够灵活，做事缺乏变通。平时生活中经常受别人眼光的影响，或是被固有习惯所左右，在浑然不觉中自我设限，活在各种条条框框中。这样如同戴着枷锁跳舞，费力却不讨好，辛苦却无所得。长此以往，就开始怀疑人生，怀疑自我。

"人生而自由，却无往不在枷锁之中。"这是伟大先哲早就认识到的事实。这个世界，不会事事如意，有时难免会让我们失望。但是，世界不会因你而改变，你想要改变自己的境遇，就必须先学会变通。

俗话说："识时务者为俊杰。"所谓俊杰，就是善于变通者，就是积极应变者。"流水不腐，户枢不蠹。"善变者应当像水一样顺应时势，在变化中求生存、求发展。"水随形而方圆，人随势而变通。"水无形，故可以随着盛装它的器皿而变化；而人要顺势，就要懂得适时变通。

纵观古今，无论是帝王将相，还是贩夫走卒；无论是巨贾工商，还是平民百姓，都需要在动态变化的世界中走完自己的人生，而成功者大多是敢于变通、善于变通、会变通的人。因此，学会变通，才能拥有生存立世之本，才能带来出人意料的人生赢局。

本书将告诉你如何改变自我，调整心态，灵活做人；如何改变思维，打破陈规，变通做事。通过阅读本书，你可以一步步改变自己，改变自己为人处世的方法，找到为人处世的智慧，从而更好地在社会上立足，做人如鱼得水，做事顺风顺水。

本书以"变通"为出发点，分为做人和办事两大部分，涵盖了做人如何简单一点、如何适当退让、如何偶尔糊涂、如何拒绝他人；办事如何妙言巧语、如何抓住时机、如何借用资源、如何变换思维等内容。本书通过富含哲理的论述与经典故事的完美结合阐述了变通对于我们的重要性以及变通的方法，极具指导性。成功的版本有很多，以变制变是永恒的法则。只要能汲取本书的思想精华，并将其灵活地运用于生活中，你将能用新的眼光看世界，用新的思想改变世界，用变通的思维来帮助自己走向成功。

# 目录

CONTENTS

## 妙言巧语，办事要能说会道

## 抓住时机，办事要伺机而动

## Part 07　借力使力，办事要会用资源

## Part 08　变换思路，办事要打破陈规

Part

# 简单一点，做人不用太复杂

# 做人要有心计，但不要工于心计

　　很明显，上述故事中空着手的年轻人临到教授家门口才想要接过另一个同学手中的礼物，就是想让教授误认为这些礼物是他买的，这就是在玩心计。

　　现实生活中，一些喜欢玩心计的人，自以为工于心计能显示自己的聪明与高明。其实，那是愚蠢与糊涂。

　　人活在世上最根本的两点就是做人和做事，把人做好是把事做好的基础，把事做好则是做人如何的直接体现。做人的态度决定着做事的原则和取向。一个不会做人的人，做任何事都是不会有好结果的，不论他如何投机取巧，也不论他付出怎样的努力，结果总会适得其反。

　　从前，有个商人买了许多盐，并让驴驮着盐。但是，驴不小心掉进了小河里，盐被河水溶化了，上岸后只剩下空空的袋子，驴感到很轻松。过了不久，商人又让驴子去驮盐，当经过小河的时候，驴故意掉进河里，它又一次轻轻松松地回了家。商人发现后很是恼火，于是第三次的时候给驴装了两袋子棉花，驴再次故意掉进河里，结果它差点被淹死。

　　这是一个流传了很久的寓言故事，这个故事讽喻了自作聪明、最终给自己带来加倍惩罚的"蠢驴"。

　　虽然说工于心计不好，但并不是说人生在世完全不需要心计。应该说，只要不是以欺骗与愚弄他人为前提的心计，还是可以适当使用。因为人际关系错综复杂，不多动些脑子，不多想些法子是不可能处理好的。万花筒般的世界处于不断变化之中，人没有心计是应付不了的。但点子多、主意正的心计与损人利己的心计完全不是同一个概念。

　　为人处世要有心计，在某种意义上来讲是一个人聪明的表现，但需要强调的是：聪明是一笔财富，关键在于怎样使用。那些脱离正道的聪明，最终带来的只能是悲惨的结局。在现实中，竞争是激烈的，如果太工于心计，总把心思放在"算计别人"上，不仅费时费力，而且不道德。这样做的人最终得到的是两个字：失败。

《红楼梦》中的王熙凤，在贾府算是一个精明的人。在复杂的环境里，势必要工于心计，才能生存。所以，为了巩固自己在贾家的地位，王熙凤很清醒地对不同的人采取不同的策略。对贾母承顺；对王夫人听从；对邢夫人应对；对地位高的大丫鬟称姐道妹；对下人严厉；对没地位的妾苛刻；对情敌死磕，置之死地而后快。结果到最后，机关算尽太聪明，反误了卿卿性命，最终落得个草席裹身、不得善终的悲惨结局。

下面再看一例：

孙膑曾与庞涓一起师从鬼谷子学习兵法。庞涓下山后，投奔魏国，得到魏惠王的宠信，被任为将。庞涓自忖才能不及孙膑，害怕他下山到魏国后影响自己的前程，更担心他到别国后成为自己的对手，于是决定设计陷害孙膑。不久，庞涓派人上山，以同朝为官为由，劝孙膑赴魏。孙膑不知是计，欣然允诺，不料一到魏国，便落入了庞涓的圈套，被诬告私通齐国。魏惠王听信庞涓的谗言，无端处孙膑以膑刑，挖掉了他的两块膝盖骨，使之终身残疾。按当时的惯例，刑徒是不能为官的。庞涓试图以此断送孙膑的前途，消除一个潜在的对手。

然而，事情并未如他所愿。孙膑虽身处危境，却显示出了卓越的智慧。他佯狂自晦，并设计归齐，得到大将田忌的赏识；又通过著名的"田忌赛马"显露出惊人的才华，得到齐威王的器重，被任为齐国的军师。

公元前 354 年，齐国应赵国之请，以田忌为将，孙膑为军师，率军围魏救赵，伏击庞涓大军，取得"桂陵之战"的胜利。公元前 342 年，魏国攻打韩国。齐威王采纳孙膑"深结韩之亲而晚承魏之弊"的建议，再次以田忌为将、孙膑为军师，出兵救韩。孙膑依然采用围魏救赵的计策，痛击魏国大军。最后，智穷力竭的庞涓在马陵中伏大败，愤愧自杀。

我们的日常生活，大多由朴素、真实、平凡组合而成，离不开的是柴米油盐。因此，从从容容是为上，平平淡淡才是真。虽然我们面对复杂的社会，生活难免有些忙碌和苦累，但做人不应该太复杂，不可工于心计，而应该以一颗平常心去期盼、去对待、去体谅、去关怀，去面对现实，面对身边的一切。

# 避免炫耀，收起自己的优越感

比尔·盖茨说过："如果你已经习惯了过分的享受，你将不能再像普通人那样生活，而我希望过普通人的生活。"的确，崇尚简单的人从来不与别人攀比什么，不会有意或无意地炫耀自己，不会去追求那些所谓

的高雅和品质，而是安然地享受生活、享受人生。

　　崇尚简单的人即使有高贵的社会地位，也从来不显示自己的身份，从来不高高在上地对待别人，这是一种风度和修养。因此，即使我们取得了一些成绩，得到了一定的地位，也要始终把自己当作一个普通人，过普通人的生活。这不仅可以作为对自己的一种教诲，而且还是一种修身之道。

　　王永庆（1917—2008年），台塑集团创办人。台塑集团下辖台湾塑胶公司、南亚塑胶公司、台湾化学纤维公司、台湾化学染整公司、台旭纤维公司、台丽成衣公司、育志工业公司、朝阳木材公司和新茂木材公司等9家分公司，在美国还经营着几家大公司。

　　王永庆曾在台湾的富豪中雄踞首席。在世界化学工业界，王永庆的台塑集团居"50强"之列，也是台湾唯一一家进入"世界企业50强"的企业。

　　然而，王永庆的个人生活却十分节俭，甚至到了令我们难以置信的地步。他每天坚持做毛巾操，所用的毛巾竟有20多年的历史。家里的肥皂也是要用完为止，即使剩下一小片，他也不会丢掉，而是将其黏附在大肥皂上继续使用。

　　他一般都在公司里吃午餐，从来不搞特殊化，吃的都是与一般员工一样的盒饭，他说他喜欢边吃午餐边听员工的汇报。

　　招待客人时，王永庆也并不是到豪华大饭店里去大摆宴席，而是习惯在各分公司设立的招待所里设便饭招待。

大企业里的高层管理人员一般都配有轿车，但王永庆的公司出于节约考虑，经理级都没有专车，并且王永庆一旦发现下属有铺张浪费的现象，就要严厉处罚。有一次，一个部门的主管公款请客人吃饭，一次就花掉了几万元台币，王永庆得知后很生气，让他自掏腰包，还对他进行了重罚。

其实，对于王永庆来说，一掷千金根本就不算什么大事，但是他却不求奢华，过着和普通人一样的生活。还有很多成功人士也都是这样生活的。比如，巴菲特总是自己开车；衣服总是穿到破为止；最喜欢的运动不是高尔夫，而是打桥牌；最喜欢吃的食品不是鱼子酱，而是玉米花；最喜欢喝的不是名贵红酒，而是普通饮料。又如比尔·盖茨不喜欢穿名牌服装，不喜欢进出大酒店，出差不喜欢坐头等舱，逛街喜欢去小商店……真正的成功人士都知道，他们不需要用奢华来衬托自己，人们赞叹的不是他们的外表，而是他们伟大的事业。

享有"汽车大王"美誉的亨利·福特，因汽车积累了巨额的财富，但其生活却是一如既往的简朴。有一次，亨利·福特到英格兰去，他在机场问讯处找当地最便宜的旅馆。接待员看了看他——这是一张著名的脸，全世界闻名的亨利·福特先生，就在前一天，报纸上还有他的大幅照片，说他要来英格兰了。现在他来了，却穿着一件很旧的外套，还要住最便宜的旅馆。

接待员说："要是我没搞错的话，您就是亨利·福特先生吧！我记得很清楚，我看过您的照片。"

亨利·福特说："是的，我就是亨利·福特。"

接待员非常疑惑，他说："您穿着一件看起来很旧的外套，要住最便宜的旅馆。我也曾见过您的儿子上这儿来，他总是询问最好的旅馆，他穿的也是最好的衣服。"

亨利·福特说："是啊，我儿子是好出风头的，他还没适应生活。但对我而言，没必要住在昂贵的旅馆里，我在哪儿都是亨利·福特。即使是住在最便宜的旅馆里，我也是亨利·福特，这没什么两样。这件外套，是我父亲的——但这没有关系，我不需要新衣服。我是亨利·福特，不管我穿什么样的衣服，即使我赤裸裸地站着，我也是亨利·福特。"

是啊，世界上很少有因为奢侈而成功的人。所以，成功不在于你享受了什么，而在于你创造了什么。越成功的人往往越喜欢过普通人的生活。

崇尚简单的人愿意使自己的生活普通化，愿意使自己的人生平淡化。他们卸下思想上的包袱，拿出更多的时间去充实自己，思索人生的真谛，这样他们就会更加自信和快乐。他们放弃对物质的过高追求，不与别人攀比什么，也从来不嫉妒别人，这样他们就能更加安然地享受生活，享受人生。他们放下做人的架子，和亲朋好友笑谈人生，这样他们就能更加注重修身养性，他们的美德还会赢得别人的称赞。

# 心态简单，别让自己活得太累

我的房子变大了，存款变多了，汽车变新了，衣服变靓了……但我为什么不快乐？

　　一条来自某医疗机构的统计数据显示，半数的现代人都处于亚健康状态。究其原因，主要就是现代人作息不规律、睡眠不足、心理压力大。一些人总是马不停蹄地为挣一套房子拼命，为买一辆车子加班。

　　我们总是把拥有物质的多少、外表形象的好坏看得过于重要，用金钱、精力和时间换取一种有目共睹的优越生活、无懈可击的外表，所以最终导致了亚健康。

于是，终于有人明白：需求越少，得到的自由就越多。就这样，一种新的生活理念和方式应运而生：新简单生活主义。

　　何谓新简单生活主义？新简单生活主义的核心理念是不被物欲牵着走，更注重自己的精神需求。其主要指标包括：不再以金钱多寡衡量生活质量，不过夜生活，不在人际关系和衣着上花费过多金钱，不大规模购物以免造成不必要的经济压力，甚至不驾车，等等。崇尚新简单生活主义的人以自由、平和的精神状态悠闲地生活，做自己想做的事。比如，跑到没人的山野，除了吃饭、睡觉、享受自然风光，什么也不做。

　　据说，美国硅谷一家电商企业的首席执行官便将"新简单生活主义"发挥到了极致。这位首席执行官几乎所有上班时间都在与电脑、手机打交道，但当他一回到家，便会迫不及待"断电"，过一种完全属于自己的轻松生活。他家里虽然有五个房间，却没有电视，也没有其他家用电器。邻居家灯火通明时，他家里却漆黑一片。这位首席执行官在家中最喜欢的娱乐方式就是点着蜡烛读书。

　　这样的生活在现代人看来确实有些"偏激"。新简单生活主义不应该只是流于形式的减少、物品的精简，而应当是一种心理状态。虽然在某些状态下人类成了技术的奴隶，但不可否认的是，有些基本的生活用具的确方便了我们的生活，我们的确需要它们。如果我们一定要全部抛舍它们，是不是也走上了另一个极端呢？那种不要电视、不上网的生活是完全没有必要的。世界很精彩，电视和网络都可以传达出对我们有益的信息。关键是，自己的心灵要做出取舍，要清楚什么是自己想要的，对于有用的东西就去汲取，而对于没有必要的东西就完全排斥。

所以，简单并不是简陋，不是无所事事、不求上进，也不是自欺欺人、掩耳盗铃。它不拒绝丰富多彩的生活，也不拒绝浪漫的情怀、潇洒的风度。它只是让人在喧嚣中保持内心的平静，是一种生活态度。它会让我们抛弃庸人自扰的想法，让我们变得纯粹，让我们发现生活中到处都是美好。

世界原本不复杂，但如果心复杂了，这世界也就复杂了。我们这短短几十年的人生，到底追求的是什么？对钱财、名誉、地位的向往又是为了什么呢？说到底还是为了寻求快乐。但是，富足时并不一定比穷困时快乐，历经沧桑也不一定会比不谙世事快乐。所以，学会用简单的态度在简单的生活中寻求快乐才是一种真正的幸福。

做人要有简单的心态，世界上最透彻的生活哲理其实也最质朴无华。市场上来了好米，妻子一声呼唤："扔下你那本书，人活着先得吃饭！"挑灯熬夜写论文，妻子轻轻嘀咕："丢了小命，看你职称还有啥用。"细想，这些话全是人生哲理，如高山流水，让滞涩的人生流畅。

追求功名利禄的人，整天考虑的是他人如何评价自己，必然活得累；自觉追求淡然恬静的人，自然对荣辱毁誉不上心。正如古人所说的"没事汉，清闲人"。"没事汉，清闲人"看似没有什么目标和追求，实际上蕴涵着做人的大学问。

# 气量大些，不要为小事抓狂

生活在凡尘俗世，难免与人发生磕碰，难免遭别人误会猜疑。你的一念之差、一时之言，也许会被别人加以放大和责难；你的认真、你的真诚，也许会被别人误解和中伤。如果你非得以牙还牙，拼个你死我活，可能会导致两败俱伤。所以，不如气量大一些。人生之所以会有很多烦恼，大多是因为遇事不肯让人一步，总觉得咽不下这口气。其实，这是不明智的做法。

　　古时候，一位老者告老还乡，安度晚年。他家住宅宽敞舒适，家族人丁兴旺。有一天，他在书桌旁正要拿起《庄子》来读，他的几个侄子跑进来，大声说："不好了，我们家的旧宅被邻居侵占了一大半，不能饶他！"

　　这位老者听后，说："不要急，慢慢说。他们家是侵占了我们家的旧宅地吗？"

　　"是的。"侄子们回答。

　　他又问："他们家的宅子大还是我们家的宅子大？"侄子们不知其意，说："当然是我们家宅子大。"

　　他又问："他们占一些我们家的旧宅地，于我们有何影响？"侄子们说："没有什么大影响，虽然如此，但他们不讲理，就不应该放过他们！"

　　这位老者笑了。过了一会儿，他指着窗外的落叶，问他的侄子们："树叶长在树上时，那枝条是属于它的，秋天树叶枯黄了落在地上，这时树叶怎么想？"侄子们不明白其中的含义。老者干脆说："我这么大岁数了，总有一天是要死的，你们也有老的一天，也有死的一天，争那一点点宅地对你们有什么用？"侄子们终于明白了老者所讲的道理，说："我们原本要告他的，状子都写好了。"

　　侄子呈上状子，他再次对侄子们说："你们在私利上要看透一些，遇事都要退一步，不要斤斤计较。"

在生活中，不要过于计较个人得失，也别常为一些鸡毛蒜皮的事而发火，这样才能愉快地度过一生。人生福祸相依，变化无常。年轻气盛时，凡事斤斤计较还情有可原。一个人年事渐长，阅历渐广，对争取之事应看得淡些，凡事不必太较真，顺其自然最好。如果少年时就能如此，那就可称得上少年老成了。

有人问禅师："修行需要下什么功夫吗？"

禅师说："饿了就吃饭，困了就睡觉。"

这人又问："一般人都是如此，师父的功夫就是这样吗？"

禅师说："两者并不一样。别人该吃饭时不肯好好地吃，偏偏要百般思索；该睡觉时不安心地睡，还要千般计较。所以，我和他们不同。"

该吃就吃，该睡就睡，这就是生活。

上面的故事告诉我们：生活中的许多计较都是自己跟自己过不去，是自寻烦恼；凡事我们可以认真，但不能太较真，计较越多，痛苦就越多。

凡事不必太较真，夫妻的相处也是如此。金无足赤，人无完人。夫妻双方食的是人间烟火，谁也不可能完美无缺。所以，双方都应当学会宽容对方，只要不是原则性的大问题，就不要求全责备。对方无意间带给你的小小伤害或不悦，你不要放在心上或挂在嘴边，过去了的事就让它过去。适时地宽容对方，可以消除婚姻中的阴影。

婚姻幸福的密码在于"求大同，存小异"。有人说，夫妻就像两块拼在一起的木板，双方的结合并非天衣无缝，质地和纹路也不尽相同。夫妻双方在性格、爱好、生活方式上都存在着差异，任何一方都不能用自己的特点去消灭对方的特点，也不能按照自己的标准去塑造对方。因此，夫妻双方应允许各自保留一块独具特色的"自留地"。

　　在与人相处的过程中不必太较真，如果你表现出一分敌意，对方便有可能还以二分，然后你则递增至三分，对方又会还回来更多。试想，若把敌意换成善意，你会有多么大的收获。当"冤冤相报何时了"的双负，能转变成"相逢一笑泯恩仇"的双赢时，不就是人生最大的成功吗？

　　假如你对周围的环境、人和事有看不惯的地方，不必急于表达，刻意显示自己的与众不同，因为喜怒不形于色，是保护自己的一种方式。

# 宽恕他人，也就是放过自己

这个老乔之前那样坑害你，现在你还愿意帮他？

事情都过去了，而且他也受到了惩罚，他现在生病没人管，都是邻居，能帮就帮一把吧！

每个人都说宽恕是美德，但如果要一个人真正地去宽恕敌人时，那就有所不同了，甚至只要稍稍提一提，就会有人对你大喊大叫。人们并不认为宽恕是一种超然的德行，而认为以这种态度对待敌人是对自己的不负责任，是一种虚伪的做法。

大多数人以为，宽恕自己的敌人是要承认他们并不是那么坏的人——而事实上他们确实是坏人。其实，宽恕是放下执念，这样并不会伤到自己；宽恕是承受创痛，并为自己疗伤。拒绝原谅只会带来更多伤害，那么，何不卸下受难者的袈裟，做个宽恕的人？宽恕是祛伤解痛的良方，是一项重要的求生技能。它可以帮助你在一片误解、痛苦、怨恨与憎恨的狂乱中，找到正确的人生方向。因此，让宽恕打开和解之门，你今天的敌人也许会变成你明天的好朋友。

　　乔·路易斯曾是美国著名的拳王，纵横拳坛多年，打败了许多高手。但他在生活中为人非常谦和，对人又特别宽厚，和他在拳击场上的勇猛完全不一样。

　　有一天，乔·路易斯和他的一位朋友一起开车外出，结果他们的车在拐弯的时候，和一辆货车刮擦了一下。乔·路易斯看见自己的车只是被蹭掉了一块漆，没什么大毛病，对方的货车也没什么问题，就准备上车走了。

　　谁知对方下了车，气冲冲地就将他痛骂了一顿。乔·路易斯一声不吭地听着，那人骂够后上了车扬长而去。

　　货车司机走了后，他的朋友非常奇怪地问他："那个人如此无礼，你又不是打不过他，为什么不将他修理一顿？"

　　乔·路易斯十分幽默地回答道："如果有人侮辱了歌王卡罗素，卡罗素会为他唱一首歌吗？"

　　一个人的品格不应由他的特殊行动来衡量，而应由他的日常行为来衡量。日常行为的好坏能够反映个人素质的高低，路易斯用行动证明了自己是一个有涵养的人。因此，我们在评价别人时不如借鉴一下这种做法。如果仅仅因为一次错误，就对人怀恨在心，意图报复，那样我们对自己造成的伤害将大过对别人的伤害。

宽恕是一种圣洁的品质，原谅那些曾经伤害过自己的人，会给你带来一种身心的平和。如果你拒绝忘记那些微不足道的陈年往事所引起的愤怒，你就不能体会到这种平静。

托尼·希勒 14 岁时，英格拉姆先生敲响了他家的门。英格拉姆先生住在马路那头大约一英里的地方，想找人帮助收割一块地的紫苜蓿。这就是托尼·希勒得到的第一份有报酬的工作——1 小时 12 美分。要知道，这在 1939 年已经很不错了。

一天，英格拉姆先生发现一辆装有西瓜的卡车陷在自家的瓜地中。显然，有人想偷走这些西瓜。

英格拉姆先生说，车主很快就会回来的，让托尼·希勒在那儿看着，长点见识。没过多久，一个在当地因打架和偷窃而臭名昭著的家伙带着两个体格粗壮的儿子出现了。他们看起来非常恼怒。

而英格拉姆先生却用平静的口吻对他们说："我想你们要买些西瓜吧？"

那个男人沉默了很久后答道："嗯，我想是的。你要多少钱？"

"25 美分 1 个。"英格拉姆先生说。

那个男人接着说："好吧，你帮我把车弄出来的话，我看这价格还合适。”

　　这成了他们夏天里最大的一笔买卖，而且还避免了一场危险的暴力事件。等他们走后，英格拉姆先生笑着对托尼·希勒说：“孩子，你如果不宽恕敌人，就会失去朋友。”

　　几年以后，英格拉姆先生去世了，但托尼·希勒永远忘不了他，也忘不了第一次打工时英格拉姆先生教给他的东西。


　　宽恕敌人就是宽恕自己。宽恕是我们心灵成长的动力，是消除矛盾、化解怨恨的良药，能够促使人际关系的和谐。不肯宽恕别人的人大多是自以为聪明的人，但从长远来看，他们并不聪明。记住别人对我们的恩惠，洗去我们对敌人的怨恨，这样我们在人生的旅途中才能自由地飞翔。

# 学会放下，别跟自己较劲

这个老韩，他结婚的时候我可是给了 1000 元份子钱，没想到我结婚时，他只说了一句"恭喜"，什么人呢！真是越想越生气！

生活中要想事事顺心，就要做到放得下，不愉快的事让它过去，不惦念在心上。有一句话说得好：生气是拿别人的错误来惩罚自己。假如你总是记着别人的不好之处，实际上受伤害的是自己的身心。既往不咎的人才能轻装上阵，身心愉快。

有一位成功人士，当有人问起他的成功之路时，他讲了自己的一段经历。

我成功的秘诀就在于我一直用忘却来调整自己的心态。我本来是一个情绪化的人，一遇到不开心的事，心情就烦躁不已，不知道该做些什么。我知道这是自己性格上的缺陷，可我找不到办法来化解，直到我请教了一位心理专家。

刚走出校门的那阵子，是我心情最灰暗的时候。当时我在一家公司做文员，工资低得可怜，而且同事间还充斥着排斥和竞争，我不太适应那里的工作环境。更令人痛苦的是，相爱三年的女友也执意和我分手，我没有预料到多年的爱情竟然经不起现实的风雨，我的信念在一点一点消失。朋友的劝慰似乎都对我起不到作用，我一味地让自己沉沦下去。除了悲痛，我又能做些什么呢？后来，朋友建议我去找一位心理专家咨询一下，希望我能从困境中解脱出来。

心理专家听完我的讲述，把我带到一间很小的办公室，室内只有一张桌子，桌上放着一杯水。心理专家对我说："这杯水已经搁置在这里很久了，几乎每天都有尘土落入里面，但它依然澄清透明。你能告诉我这是为什么吗？"

我努力寻求答案，像是要看穿这杯水。这到底是为什么呢？这杯水里有这么多杂质，但最终却为什么仍然清澈呢？对了，我知道了，我跳起来说："我明白了，所有的尘土都沉淀到杯子底下了。"心理专家赞许地点点头："年轻人，生活中的琐事很多，有些事越想忘掉却越不容易忘掉，不如就记住它好了。

就像这杯水，如果你厌恶它，使劲摇晃它，那么整杯水都会被你搅得不得安宁，混浊一片，这是多么愚钝的行为。如果你愿意一点一点地让它们沉淀下来，用广阔的胸怀去接纳它们，那么心灵就会和未受过感染一样，甚至会变得更加清澈。"

心理专家的话我一直铭记在心，当我以后再遇到不如意的事时，就会试着把所有的烦恼都沉入心底，不与那些烦心的事纠缠。等它们慢慢沉淀下来时，我的生活就一直是晴天，充满着阳光和快乐。

在生活中，很多人太在意自己的感觉了。比如，你在路上不小心摔了一跤，这惹得路人大笑不已。你当时一定很窘迫，认为全天下的人都在关注着你。但是如果你站在别人的角度思考一下就会发现，其实这只是他们生活中的一个小插曲，甚至有时根本不值一提，他们哈哈一笑，这件事就被抛在脑后了。

每个人都有自己的人生之路，所以别人都是转瞬即逝的风景，对于一次挫折、一次失败，自己完全可以一笑了之，不要过多地沉浸于忧愁的情绪中。你的埋怨只会提醒人们重新注意到你曾经的失败。对于曾经的失败，你一笑带过，别人也就不记得了。有句话说："20岁时，我们顾忌别人对我们的看法；40岁时，我们不理会别人对我们的看法；60岁时，我们发现别人根本就没有注意过我们。"这是一种人生哲学——学会看轻自己，才能在人生之路上轻松前行。

在生活中，我们总会有受伤的时候，经历多了，自然也就有所提防。可是，我们却往往没有意识到，有一种伤害并不是来自外界的，而是我们自己创造的：为了一个小小的职称、一份微薄的薪酬，甚至是因为一些他人的闲言碎语，我们发愁、发怒，斤斤计较，纠缠其中。时间一长，我们的心灵就被折磨得千疮百孔，对生活失去热情，对身边的事也不再充满激情。

我们如果不在乎外部的功名利禄，就会显得坦然许多，就能平静地面对各种荣辱得失和恩怨情仇，从而长久地持有对生活的美好认识与执着追求。这是一种修行，是对自己人格与性情的锻炼，从而使自己的心胸逐渐变得宽广，眼光逐渐变得深远。如此，我们在人生的旅途中，即使是遇到了凄风苦雨的日子，碰到困苦与挫折，也能大步向前。

# 适时忍让，做人不可太强势

# 大丈夫要能屈能伸

这个小勇真是太冲动了，虽说大强有错在先，可他直接把人给打进医院了，这下有理变没理了。

可不是嘛！他妈妈现在因为这个事而吃不下睡不着。

　　常言道："忍一时，风平浪静；退一步，海阔天空。"我们在某些情况下，不要一味地鲁莽向前，而应该分析形势，采取某些以退为进的策略。

有一种生长在马达加斯加的竹子，开花结籽要等 100 多年。
由于品种有别，竹子开花的时间最短的为 15 ~ 20 年，可这个
品种的数量很少；大多数品种都是 30 ~ 60 年开花结籽一次。
这种奇特的生理现象让生物学家十分不解。可调查结果却是简
易而理性的：为了使它的种子不被吃掉——习惯吃竹花竹籽的
动物很少有活过 100 年的。

这种竹子为了一次开花结籽要等 100 多年，这种沉默的忍耐造就了
它们的生命，同时也告诉我们忍耐的重要性。

韩信可以忍胯下之辱，最终成为诸侯。但要说以忍求生、图谋大业，
最典型的人物当数越王勾践。

越王勾践被吴王夫差击败，屈服求和，入吴为人质三年。
勾践自己十分清楚，依目前的情形只有忍辱，才有可能日后东
山再起，如果不忍，不要说东山再起，怕是连命都保不住。

勾践从一国之君变成奴仆，忍了；为人养马加受奴役，忍
了；住在不遮风挡雨的石头房子里，忍了。传说吴王病了，勾
践为表达忠心去探视吴王，恰好吴王大便，等吴王出恭后，勾
践品尝了吴王的粪便，然后恭喜吴王说他的病很快会痊愈。这
件事在吴王放留勾践的态度上起到了决定性作用。之后吴王的
病真的好了，勾践此时已彻底取得了吴王的信任，于是吴王就
把勾践放了。

后来，勾践卧薪尝胆终于灭掉了吴国。

勾践在这件事上所体现出来的忍辱确实是普通人做不到的。仔细想想这一时期勾践的忍，那是十分恭顺的忍。而他之所以会强忍着所有的屈辱，为的就是以后的崛起。勾践个性的独特之处就在这里，面对一切屈辱从容自若，这仿佛与中国历史上的大英雄、大丈夫形象有所背离，"宁为玉碎，不为瓦全""士可杀不可辱"，这些话都是对那些誓死不屈、宁死不降的英雄们的夸奖。但中国还有一句古语："留得青山在，不怕没柴烧。"那位八面威风的西楚霸王就给我们留下了深刻的教训。乌江岸边，乌江亭长言辞恳切："江东虽小，也有地方千里，民众数十万，足够您称王了。"而项羽是个宁折不弯的汉子，怎肯过江呢？于是自刎身亡。但事实上，如果项羽肯过江，楚汉相争可能会是另一番情景，他可能一统天下。尽管这些都只是可能，但我们不能否认，项羽是个顶天立地的大丈夫。可有些时候，也的确需要这些英雄人物忍耐一时，然后再设法东山再起。

　　忍辱负重最终是为了达到某种目的。勾践忍辱负重是为了灭吴兴越，忍到特定时刻总有爆发的一天。假如一味地忍下去，则是个性懦弱的表现，而勾践最终忍到了向吴国发难的时候，并最终灭了吴国。可以说，是坚韧不屈的个性、忍辱负重的精神成就了勾践这位春秋末代霸主。

　　从勾践称霸的过程来看，坚韧是他成功路途中不可或缺的因素。在一个高手如林的社会中，忍是一种韧性的斗争，是一种高明的处世手段，是战胜人生危难的有力武器。凡能忍者，一定志向远大。凡志向远大者，定可以识大体、顾大局。而忍就是识大体、顾大局的体现。古往今来，能成非常之事的人都懂得忍的意义。

　　在现实生活中，忍是医治磨难的良方。由于生活中的琐碎之事太多，一不留神就会招惹是非。因此，很多人主张忍一时风平浪静，退一步海阔天空。忍一时之怒，一方面能够摆脱被动的局面，另一方面也能锻炼意志、毅力，为日后的奋发图强、励精图治、事业有成奠定一般情形下所不能获得的根基。遇事三思而后行，把忍放在心头不失为明智的选择。

# 忍小事才能成大事

常言道："小不忍则乱大谋。"这句话可以从两方面来分析。一方面，人要忍耐，凡事要多忍耐、包容，假如一点小事都不能包容，脾气一来，就会坏了大事。很多大事之所以失败往往是因为在小事上不能容忍。另一方面，做事要有"忍"劲，要狠得下来，要果断。有时候碰到一件事情，只有忍下来才能成事，否则，以后可能就会有麻烦。

张居正是明朝政治家、改革家，任内阁首辅时，从政治、经济、军事各方面进行重大改革，使国家安稳，经济发展，一时出现政治清明、国家富强的局面。

张居正两岁那年就认识很多字，被家人视作神童。张居正13岁参加乡试时，他岁数最小，却沉着冷静，写了一篇十分漂亮的文章。1547年，张居正中进士，那一年他才22岁。

之后，张居正一边通过阅读充实自己，一边仔细琢磨官场上的门道。他有满腔的政治抱负，可那时皇帝昏庸无道，奸臣严嵩胡作非为。张居正只得忍耐，与严嵩周旋，一时无法施展自己的才能。这样苦苦熬了十几年，张居正内心非常苦恼。

最终，严嵩倒台了，张居正逐渐得到重用。可是，张居正入阁后又碰上精明强干、聪慧的政界对手高拱。张居正只得再次忍耐。虽然高拱对他傲慢无礼，他却用谦恭与沉默来对待高拱。

高拱倒台后，张居正资格最老，被召回当了首辅。张居正掌权后，马上改变了以前那种谦虚祥和、沉默少语的态度，变得雷厉风行、有理有节，还进行了一场改革，把国事管理得井井有条，促进了当时社会经济的发展。

忍有两类：一类是忍而不发，以忍求安；一类是忍而待发，以忍求变。我们要学会后一种忍，忍是手段，所求是理想。

赵武灵王在位时的赵国国富民强，而因地处中原，常常被卷入战争的旋涡之中。因此，广行富国强兵之策比其他的国家来得更急迫。

赵武灵王经过多年的征伐，觉得北方游牧民族骑马作战值得仿效，其机动性强，集散自由，对战场条件适应性很强。因此，他想改变自己军队的作战策略，但这次改革颇费心思。首先，当时的中原服装不适合士兵骑马作战，所以士兵就要换穿游牧民族的胡服，胡服的下半身和现代人穿的裤子差不多。其次，穿胡服并不简单，服装样式的变化在中国古代是一场重大的变革。赵武灵王决定以后，预想中的反对势力群拥而至，朝中的大部分大臣都不支持这项改革，主要原因就是他们认为不能背弃自己祖先去穿胡服抛头露面，不能改变衣服的传统式样。

面对大量的反对势力，赵武灵王采取了极其克制的态度，他不发王者之叹，不以王者之尊强行推广，而是做了很多的思想政治工作。他从战争的发展、富国强兵的策略等方面，反复阐述自己的建议，拿出了极具忍耐力的施行手段。反对势力中最难对付的是他的亲叔叔，推托生病，不上早朝，也不听劝。赵武灵王尽管不清楚他得了什么病，但仍天天去看望他，且绝口不谈正题，天天如此，他叔叔十分感动，最终同意了他的提议。

赵武灵王用"忍功"最终达到了目的，这是一种目标明确的"忍"。

"小不忍则乱大谋"这句话在民间十分流行，甚至成为一些人的座右铭。有志向、有抱负的人，不应对个人得失斤斤计较，更不应在小事上纠缠不清，而应有开阔的心胸和远大的抱负。只有这样才能成就大事，从而实现自己的抱负。

# 做事要留有余地

在日常生活中，做人做事需要留有余地。否则不仅你自己累，身边的人也会很累。适当地"弯曲"一下，可能你一时难以处理的问题就会迎刃而解。

日常生活中离不开忍，你想要有出头之日就要忍，别人欺负你也需要忍。忍中有道德、智能，忍中有真、善、美。因此，忍是一种生存本领，大丈夫就应能屈能伸！在现实生活中，我们都需要忍，都要领悟忍。

那么，如何去忍呢？学会"弯曲"的做人学问。山路十八弯，水路十八盘，人生之路也必定充满了曲折坎坷，这就决定了我们在人生之旅中不仅要有挑战困难的勇气，更要有一颗柔韧坚毅的心。

有一对夫妻，他们的婚姻正处于破裂的边缘。为了找回以前的爱情，他们打算进行一次浪漫之旅。假如两人能找回爱情就继续生活，否则就友好分手。

很快，他们来到一个山谷，这是一个东西走向的山谷。这个山谷十分常见，没有什么不同之处，唯一能引人注目的是，它的南坡长满松、柏等树，但北坡只有雪松。

这时，天下起了大雪。因为独特的风向，山谷北坡的雪总是比南坡的雪下得大，下得密。很快，雪松上就积了厚厚的一层雪，可是当雪积到特定的程度，雪松那富有弹性的树枝就会向下弯曲，直到雪从树枝上滑落。这样即使雪再多，雪松也完好无损。可其他的树因为没有这个本领，树枝都被压断了。南坡由于雪小，总有些树能够挺过来，因此南坡除了雪松，还有松、柏等树。

帐篷中的妻子看到这一情景，对丈夫说："北坡必定也长过其他的树，只是那些树不会弯曲才被大雪压毁了。"

丈夫点头表示认可。很快，两人像是忽然发现了什么似的，彼此拥抱在一起。

丈夫十分兴奋地说："我们发现了一个秘密——对于外界的

压力我们要尽可能地去担当，在忍受不了压力的时候试着弯一下身体，像雪松一样让一步，这样就不会被压垮。"

大自然中的树是这样，生活中的人也是这样。"弯曲"中包含着丰富的哲理，它并不是倒下和毁灭，而是适应和忍耐。在现实生活中，忍就是"弯曲"的艺术。做人能学会"弯曲"并敢于"弯曲"，是一种能耐，更是一种境界。

两个身受不白之冤的人被关在同一间牢房里。一个看见的是窗外明亮的星星，而另一个看到的却是身边的高墙。看到星星的人甘愿默默忍受煎熬，而看到高墙的人最后由于承受不了压力，在一个风雨交加的夜晚上吊自尽了。10 年之后，案件水落石出、真相大白，那个看见星星的人被洗去了冤屈，重获自由。而令人遗憾的是，另一个消极的人却早已命丧黄泉。

由此可知，在生活中我们应达观一些，要懂得让步。这不是阿谀奉承，不是奴颜婢膝，不是媚上欺下，而是一种超脱。

有时候，适当让步是一种明智的行为。"弯曲"不是软弱，而是克服困难的一种理智的退让。

现实生活中，牵涉大原则的事情不多，很多冲突和纠葛都是生活小事。所以，我们更应该学会忍让。忍不是表面的忍气吞声，而是一种生存手段。

# 把忍用到恰当处

　　《百忍歌》中写道："能忍贫亦乐，能忍寿亦永……不忍小事变大事，不忍善事终成恨……忍得淡泊可养神，忍得饥寒可立品；忍得勤苦有馀积，忍得荒淫无疾病。"可是，在日常生活中，人们的忍耐力是不够的，有的人由于一点小事就大动干戈，有的人由于几棵白菜就大打出手。事实上，这些都是小事，却闹得不可开交……练好"忍"，是我们每个人不可忽视的课题。

有一次，一个年轻人因为一点小事与人发生了争执，一气之下就打了那人几巴掌。那人当场就晕过去了，送到医院检查，查出耳朵出了问题。他赔偿了几千元不说，还被拘留了好几天。事后他后悔地说："当时要是忍一忍也就没事了。"

的确，日常生活中有很多矛盾都源于一些鸡毛蒜皮的小事，只要忍一忍也就化解了。我们与家人、朋友、同事，甚至陌生人，在不同的场所交往接触，总免不了有意见相左、磕磕碰碰的时候。只要不是原则性问题，各自主动退让，就有利于减少冲突，维持和谐的人际关系，于人于己，都是有益身心的事情。可要做到这一点十分不容易。

忍字头上一把刀，这个字告诫我们：做到"忍"必须要有强大的克制力。

古往今来，中华民族就有"忍让"的美好品德。蔺相如忍让廉颇，使得廉颇抛开傲慢，求得将相的团结，使"将相和"的故事流传后世。

一个人假如达到了忍的至高境界，那他面对挫折就能坦然，面对嘲笑就能漠然，面对名利就能淡然。

想要达到最高境界，需要历练，需要磨炼。我们要从生活小事做起，一点一滴去养成忍的习惯，从小到大，从浅到深，从不习惯到习惯，把自己培养成一个有修养有涵养的人。

虽然我们主张忍的精神，要宽以待人、忍辱负重、平和豁达，不要在一些细节问题上斤斤计较，要大事明白，小事糊涂。但这并不意味着我们对所有的事都要一味去忍，否则便会坠入"非此即彼"的极端思维，变成一个十分麻木、胆怯、奴性十足的人。当坏人作恶时，你不能忍；

当别人有困难请你相助时，你忍不得……忍，假如去掉心，那就丧失了良心和品德，那你的忍就是残忍，就是罪恶。所以，我们要把"忍"这个字用到恰当处。

# 学会低头是处世的基本哲学

风一吹便低俯的草，事实上是历经风霜和考验的、坚韧的草。人生何尝不是这样？有时候低头弯腰便可以保护自己。

在日常生活中，大部分人都会碰到不尽如人意的事情。需要你一时退却的时候，你务必面对现实。要明白，敢于硬碰，不失为一种壮举，但是胳膊拧不过大腿，如果你硬要拿着鸡蛋去与石头相撞，那只能是无谓的牺牲。这个时候，就需要用另一种策略来面对，这就是恰当低头。

年轻人最常有的坏习惯就是心高气傲、恃才傲物，总觉得自己是鸿鹄，别人都是燕雀，眼光总是高高在上，根本不把身边的人放在眼里。

从前，有个人问苏格拉底："天与地之间的高度究竟是多少？"

苏格拉底面带微笑地回答："三尺！"那个人气愤地说："胡说八道，我们每个人都有四五尺高，天与地之间的高度只有三尺，那人还不把天给戳出很多窟窿？"苏格拉底依然微笑地说："所以，凡是高度超过三尺的人，要想长久立足于天地之间，就要懂得低头呀！"

俗话说："低头是稻穗，昂头是稗子。"越成熟、越饱满的稻穗，头垂得越低。只有那些穗子里空空如也的稗子，才会表现得招摇，一直把头抬得老高。

要想抬头，务必先懂得低头。假如不懂得低头，就会碰得头破血流，甚至为此而丧失性命。在《史记》里记述着这么一个故事。

战国时期的范雎本是魏国人，后来他到了秦国。他向秦昭王献上远交近攻的手段，深受秦昭王的赏识，因此他官至宰相。可是他所推荐的郑安平与赵国作战失败，这件事使他心情沉重。按秦国的法律，只要被荐举的人出了纰漏，荐举人也要受到惩处。但是，秦昭王并没有问罪于范雎，这使得他心情愈加沉重。

有一次，秦昭王故意叹气道："当今内无良相，外无勇将，秦国的前途的确令人焦虑呀！"

秦昭王本来是想刺激范雎，要他振奋起来再为国家效劳。但是范雎心中另有所想，感到非常恐惧，因而误解了秦昭王的意思。正好这时有个叫蔡泽的辩士来拜见范雎并对他说："四季的更替是周而复始的。春天完成了滋生万物的重任后就让位给夏；夏天完成养育万物的重任后就让位给秋；秋天完成成熟的任务后就让位给冬；冬天把万物冷藏起来，又让位给春天……这就是四季的更替法则。现在你的身份在一人之下万人之上，日子一久，怕有不测，你应该让位于人，才是明哲保身之真谛。"

范雎听了蔡泽的话后很受启发，便马上引退，并且荐举蔡泽继任宰相。这样他不仅保全了自己，而且也体现出了自己大公无私的品格。

后来，蔡泽上任宰相，为秦国的发展壮大作出了重大贡献。而当他听到有人指责他后，也毫不犹豫地放弃了宰相之位。


由此可知，智者都不会一味地贪图富贵安逸，在合适的时候，他们都会主动退出舞台，以保全自身。

现在的社会，变幻莫测，十分复杂。所以，在漫长的人生路途中，我们不得不学会低头。可学会低头并不是妄自菲薄与自卑，学会低头是谦虚、小心。

低头是需要胆识的。试想，为争一时之气而拼个你死我活，于人于己又有什么好处呢？泰山压顶，先弯一下腰又怎样？折断了便无法挽回，而弯一下腰还有站起来的机会。

　　明太祖朱元璋在位期间，有一位吏部官员名叫王朴，由于直谏而被罢官。很快，他又被起用做御史，但他却立即议论起当时的朝政。在朝廷之上，他多次与皇帝争论，不愿屈服。一日，他因为一事与明太祖争论得十分厉害。明太祖一时十分恼怒，便下令杀了他。等临刑走到街上，明太祖又把他召回来，问："你改变自己的观点了吗？"王朴回答说："陛下不觉得我是无用之人，让我担任御史，为何将我摧残污辱到这个地步？如果我没有罪，你如何能杀我？如果我有罪，你又何必让我活下去？我现在只求速死！"朱元璋勃然大怒，马上催促左右赶快对他执行死刑。

　　不是说性格耿直不好，可王朴的确是很不开窍，心中那种傲气、犟劲一旦产生就消失不了，并且会愈来愈旺，连皇帝给他机会都不要。这自然是愚蠢的，与他心高气傲、不明白处世策略有很大关系。他不懂得弯与直的辩证法——特别是在皇帝面前，以致毫无意义地断送了自己的性命。

　　学会向生活俯身，学会融入生活，这是我们每个人成长的必经之路。可能很多人会对"向生活低头"嗤之以鼻，觉得它是陈腔滥调。事实上，学会向生活低头，就是学会了更好地融入身边的生活，更快地适应生活。深谙外圆内方的处世之道，可以更好地同别人相处。

　　多为别人着想，少为满足自己的私欲而伤害他人，这样也更容易赢得大家的喜欢。

学会向生活低头，也就是学会"蓄势"，从而为将来"待发"做好思想准备，明白厚积薄发之理。余秋雨的《为自己减刑》中讲了这样一个故事。余秋雨的一位在狱中的朋友由于受其启发，在监狱里努力学习英语，并终有所成。刑满释放的时候，这位朋友神采飞扬地带出了一本60万字的译稿，一点也不像受过牢狱之灾的人！他的这位朋友领悟了向生活低头的真谛，领悟了如何"利用"生活，明白了先"委屈"于生活，后"俘虏"生活，最后就可以主宰自己的命运。

学会低头，是处世的一门基本哲学，是为人的一种高境界，是努力生活着的人对生活的一种很好的领悟和总结。

# 退却是为了更好地前进

《插秧偈》道:"手把青秧插满田,低头便见水中天。心地清净方为道,退步原来是向前。"有些人为了追求功名利禄,总是不顾一切地勇往直前。然而,有时前面是险坑,跌下去会粉身碎骨;有时前面是一道墙,撞上去会鼻青脸肿。假如这个时候知道以退为进,转个弯、绕个路,世界便会有更宽广的空间。这恰如古人所说:"退一步海阔天空。"

凡事退一步,生命不退步。"处世让一步为高,退步即进步的根本。"所有的事均有长有短、有利有弊、有胜有败,而成功往往是属于最有耐心、耐力的人,即最能忍耐、最富有耐心的人才容易成功。

常言道："忍得过，看得破；提得起，放得下。"事事"静观皆自得"，忍得一时之气，便能海阔天空，既得海阔天空，就能坦坦荡荡，那么，又有什么事可以难得住自己呢？退步，本身是向前。有时候，对于一些意气之争，即便争赢了又怎样呢？

退一步并不代表自己怯弱，而更多的是容忍、谅解与理解。所以，一个人想要处理好人际关系，务必要谦恭礼让；一个人想要成功，务必明白以退为进的道理。引擎使用后退的力量，能引发更大的动能；有时候，军人作战要迂回绕道才能取胜。很多时候，我们想要做好一件事情，必须学会低头匍匐前进。

一位计算机专业的博士毕业后去找工作，好多家公司都不聘用他。经过再三思考，他决定收起所有证明，用一种"最低身份"去求职。

很快，他被一家公司录用为程序输入员，这对他来说无异于"高射炮打蚊子"，可他依旧干得一丝不苟。没过多久，老板发现他能发现程序中的错误，非一般的程序输入员能相比。这时，他亮出学士学位证书，老板给他换了个与大学毕业生相对应的工作。

又过了一段时间，老板发现他经常能提出很多独到的、有价值的意见，远比一般的大学生高明。这时，他又亮出了硕士学位证书，因此老板又提拔了他。再过一段时间，老板认为他还是与别人不一样，就对他进行"质询"，这时他才拿出博士学位证书，老板对他的水平有了真正的了解，毫不犹豫地重用了他。

由此可见，以退为进，由低到高，这是自我表现的一门学问。"回头是岸"就有以退为进的含义。先贤圣杰从官场利禄之中退居后方，是为了等待机缘；有些能人异士隐居山林，是为了期待圣明仁君；有的人十分看重"韬光养晦"；有的人等待"应世机缘"……因此，饱学之士都明白"进步哪有退步高"的道理。

春秋时期，吴王的第四子季札由于贤能，吴王要传位于他，而他推辞了，其兄弟余祭继位。余祭去世以后，余昧继位。余昧去世，举国上下又希望季札能出来主持大局。季札说"父死子继"，应该由先王之子继任王位，故而依旧退而不就。因此，季札在历史上留下贤能之名。

由此可见，退让不是没有未来，退让之后常常会在另一方面有所得。

三国时期，刘玄德清楚太子刘禅无能，要诸葛亮取而代之。可诸葛亮谦让，一心只想辅佐刘禅，不想上位，于是在历史上留下忠臣之名。周公辅佐成王，尽管身为长辈，但总是以臣下自居，因此成就了周公的圣名美誉。此皆证明，退让不是牺牲。常言道："失之东隅，收之桑榆。"有时以退为进，更容易成功。

以退为进，是为人处世的高境界。人生追求的是完美自在，假如有人只知向前，不懂后退，那么他的世界就只有一半。而明白了"以退为进"所包含的哲理后，我们将领悟到更高的人生境界。

# 知道进退，才能求得发展

对于大部分聪明人而言，人生的最大弊端不在外部，而在自己。有的人一旦做出一番事业就居功自傲，而这样做的下场常常比无所事事的人更惨。因此，一个有"心眼"的人，应该知道居功之害。

所以，做任何事，都要守住自己的本分，知道退让之机，绝对不可以功高盖主，不然轻则遭到他人怨恨，重则招来杀身之祸。从古至今，只有那些与人分享荣誉，甚至是把荣誉让给别人的人，才会有一个圆满的结局。事实证明，只有像张良那样懂得功成身退、明哲保身的人才可以防患于未然。

　　战国末年，秦王打算吞并楚国，他没有采纳老将王翦"非六十万人不可"的建议，而是起用作战英勇的年轻将领李信，率领二十万大军进攻楚国。最终，秦军被楚军连破两阵，李信率残部狼狈逃回秦国。

　　秦王到底是一代枭雄，他开始后悔自己的轻率，马上下令备车驾，亲自去见王翦，十分恭敬地向王翦赔罪，说："上次是寡人失误了，没听王将军的话，轻信李信，耽误了国家大事。为了一统天下的大业，请王将军一定要亲自出马，出任灭楚大军的统帅。"

　　王翦十分冷静地说："我深受大王的大恩，应该誓死相报。大王假如要我带兵灭楚，那我仍然需要六十万人的军队。士兵少于此数，我们成功的可能性就很小了。"

　　秦王马上同意，接着征集六十万大军交给王翦指挥。

　　出兵之日，秦王率文武百官为王翦设宴送行。饮了饯行酒之后，王翦向秦王告别，惶恐地说："臣有一请求，希望大王赐些良田、美宅与园林给臣下。"

　　秦王听了王翦的话觉得十分好笑，说："王将军是寡人的肱股之臣，以后国家对将军信任甚重，寡人富有四海，将军还害怕贫穷吗？"

　　王翦辩解说："大王废除三朝的裂土分封制度，臣等作为大王的将领，功劳再大也不能封侯，希望得到的只有大王的赏赐了。臣下已年迈，不得不为子孙考虑，因此希望大王能赏赐一些，作为子孙日后衣食的保障。"秦王哈哈大笑，随口应允："好说，好说，这是件十分容易的事，王将军就此出征吧。"

自大军出发到达秦国东部边境为止，王翦前后派回五批使者，向秦王请求多赏赐些良田给他的儿孙后辈。

王翦的部将们对此十分不解，王翦对他们说："我如此是为了解除我们的后顾之忧。大王生性多疑，为了灭楚，他不得不把秦国所有的精锐部队都交给我，可他并不信任我。我不断向他要求赏赐，是为了让他觉得我绝无政治雄心。因为一个贪求财物、一心只想为子孙积聚良田美宅的人，是不会去谋反叛乱的。"

王翦自损其名，伸手向秦王请求赏赐，让秦王深信他不会谋反，因此全力支持他与楚作战，让王翦没有后顾之忧，一举灭楚。

常言道："勇略震主者身危，功盖天下者不赏。"所以，功高之日，务必忍住自己对美名的贪恋，应想方设法自损自贬，这样才能避开祸害，以免功高震主。

做下属的要务必明白进退之势，具体建议如下。

1. 要守法

古往今来，循吏最易保全。循吏即遵循法规，忠实执行命令，能识时务、识大体的臣子。有人觉得，只有慈爱仁惠、和善快乐，以仁义为法则的官吏，才能称得上"循吏"，那就大错特错了。恪守法令，严格地束缚自己，这才是循吏应有的举止。

## 2. 不参与

不把自己的私利搅和在自己所执掌的权力中。《论语》说："巍巍乎！舜、禹之有天下也，而不与焉。"意思是说，舜和禹真是十分崇高啊，贵为天子，富有四海，可一点也不为自己考虑。把自己的私心搅和在政事之中是很不廉洁的举止，这样也许可得一时之利，可最终会使自己走向万丈深渊。

## 3. 不长久

假如自己身居高位，应一天比一天小心，这就好比行走在十分危险的悬崖之上，需要十分小心。因此，位置越高，权力越大，怀疑猜忌自己的人越多，就越应该尽早进行防备。

## 4. 不胜任

先秦《五子歌》说："懔乎若朽索之驭六马。"意思是说，身居高位所面临的危险就好比用腐朽的缰绳驾驭着六匹烈马，万分危惧。因此，一定不要居功自傲，要时时谦让，只有功成身退，才可善始善终。

## 5. 不重兵

在古代，功高的臣子假如可以主动交出兵权，那么对君主的威胁也就减小了。因此，"不重兵"就是自我裁军，以求自保。

## 6. 多请教

"三人行，必有我师焉。"作为你的老板，他必有其独到之处。因此，在做事之前务必主动向你的老板请教，探听他的观点，这样在办事时就能有所凭借。

懂得进退之势不但适用于古代官场，也适用于我们的日常工作，特别是在与领导的交涉中，只有知进退才能求得发展。

装糊涂，
做人不必太较真

# "傻"也是一种智慧

大智若愚，即拥有大智慧的人一般都表现得很愚笨。事实上，这是一种境界。合适的"傻"是一种美德，也是一种聪慧。真正聪明的人一般是心里明白，表面却装糊涂，给人的印象是混沌无知、糊里糊涂，实际上他们冰雪聪明、心里透亮。

"大智若愚"中的"愚"，即有意糊涂。该糊涂的时候，就不要顾及自己的脸面、学识、地位、权势，必须糊涂。可该聪明、清醒时，则必须聪明。适时由聪明转为糊涂，由糊涂转为聪明，则一定会左右逢源，不为烦恼所困扰，不被人事所牵连，这样的人一定会有更多的成功机会。

曹操焚烧他的下属与袁绍私谋的书信，在史上就是十分有名的一件"糊涂事"。

公元 200 年，袁绍在官渡与曹操大战，袁绍惨败。在查获的袁绍的书信中，曹操发现自己军中有些将领与袁绍私谋。在别人眼中，这正是一个查明内鬼的最佳时机，可查出内鬼对曹操的大业来说没有任何益处。袁绍被击败了，那些内鬼也已经断了念头和希望，而这时的曹操正处于打基础阶段，很需要人手。假如要查的话，一定会引起这些人的恐慌和畏惧，内部会更加不稳定。因此，曹操在这件事上表现得十分"糊涂"，他把收缴来的所有信都付之一炬，说："当绍之强，孤犹不能自保，况众人乎！"

事实证明，不知道没必要知道的事，下属会感到自己受到信任，本来摇摆不定的人或许因受到信任而忠心耿耿，一心一意为事业付出。

在生活中，装傻也是必要的，但这不是说要对所有的事情都视而不见，而是对那些难以预料后果的事情，假如没有能力处理，该糊涂的时候就要装糊涂。装糊涂甚至是一种需要，有时候别人也希望你装糊涂。在一些与你关系不大的事情上装糊涂，这样你自己平安无事，别人也高兴，因为没有几个人情愿别人干涉自己的事情。自然，装糊涂也是有限度的，在大是大非上，我们自然要站稳立场，即小事糊涂，大事不糊涂，这才是糊涂的高境界。

　　装傻不是真正的傻，有很多外表看上去很聪明、做事也很精明的人实际上是真傻，因为他们已把自己的优劣长短全部暴露出来。很多装傻的人实际上是极聪明的，他们比那些自以为聪明的人高明得多，因为他们明白，不必要的锋芒毕露有害无益，所以才装起糊涂来。

# "糊涂"是一种本事

人生在世，不要把什么事都放在心上，该糊涂时就糊涂，该明白时再明白。古人提倡"大智若愚"，并且要"守愚"。然而，此处的"愚"不是真愚。大智若愚的人给人的印象是虚怀若谷、仁厚平和、不露锋芒，或者有点木讷。大智若愚是兵家的谋略，也是处世的哲学。

从某种立场来说，大智若愚也可以解释为小事愚，大事明，该糊涂时就要糊涂。古语"吕端大事不糊涂"说的正是小事装糊涂，可是在关键时刻，就表现出大智大谋。

　　吕端是宋太宗年间的宰相，此人学士出身，学识渊博。尽管经历了五代末期的天下战乱，可他浑身仍是读书人的气质，对功名富贵看得很淡，发现有能力者会主动让权。有人据此说吕端糊涂，可宋太宗却觉得他对小事糊涂，对大事不糊涂，执意任命他为宰相。后来宋太宗病重，宣政使担心太子做了皇帝以后会对他们这一党不利，因此串通了多名官员商议废掉太子，改立他人为太子。这时，吕端到宫中觐见宋太宗。吕端看到宋太宗快不行了，太子却不在旁边，就担心事情有变，便在笏板上写了"大渐"二字，让心腹立马去催太子到宋太宗身边来。这个"渐"字就是告诉太子皇帝已经病危了，赶紧入宫伺候。

　　宋太宗死后，皇后让王继恩召见吕端，商议立谁为帝。吕端听后明白事情不妙，就让王继恩去书房拿宋太宗临终前交给他的亲笔诏书，王继恩不知是计，一进书房就被吕端锁在房中。此时，吕端快速来到宫中。

　　皇后说："皇上驾崩，长子继位才合乎情理，如今该怎么办？"很明显，皇后想立长子赵元佐。吕端马上反驳道："先帝既立太子，就是不想让大皇子继承皇位。如今先帝刚刚驾崩，我们怎么可以马上更改君命呢？"皇后听后无话可说，心里只能默认了。

　　事已至此，吕端仍不放心，他要亲眼看见太子登基。太子即位时，吕端在殿下站着不拜，请求把帘子挂起来，自己上殿看仔细，看到是赵恒，才走下台阶，带领大臣们高呼万岁。

吕端能事先明察阴谋，有所防备；事中能果断决策，出奇策打败奸主；事后又能眼见为实，不被表象迷惑，不但明智，而且功夫老到。在皇位继承的关键问题上，吕端将"小事糊涂，大事精明"发挥得淋漓尽致。

在现实生活中，对于很多事我们的确不能太认真，太较劲，尤其是涉及人际关系的事，这些事错综复杂、盘根错节，太过较真可能会导致事与愿违。顺其自然，装一次糊涂，也不会导致失去原则和人格。为了大众，为了长远，哪怕暂时忍让一下，受点委屈，也值得。有时，事情被逼到了那个地步，就表象上给对方个"模糊数学"，让对方稀里糊涂摸不着头脑，也算是"难得糊涂"的一次妙用。

激浊扬清，容可容之事。小事糊涂，大事明白。愚，不是自我欺骗或自我安慰，而是有意糊涂，容可容之事，才能左右逢源，不被烦恼所扰；明，是在原则性问题上绝不含糊，即大智若愚。这是人生的至高境界，也是人生的大谋略。

# 偶尔糊涂是容身之道

"该糊涂时就糊涂"，有些人不喜欢太精明的人在自己眼前摇来晃去，如果我们在他们的手下做事，就要学会知进退。

偶尔糊涂的好处至少有两个。首先，少招人忌恨和嫉妒；其次，少问点事情，耳不听，心不烦。这种处世手段，在人际关系十分复杂的情形下，不失为明智的选择。

以前，有个宰相请一个栉工来为自己梳头修面。他给宰相修到一半时，可能是由于过分紧张，一不留神把宰相的眉毛给刮掉了。天哪！不得了了，他暗暗叫苦，瞬间惊恐万分，深知宰相一旦怪罪下来，自己必然会吃不了兜着走。

好在这梳工时常在江湖上行走，深知人之平常心理：盛赞之下，无怒气消。他急中生智，忙停下剃刀，有意两眼直愣愣地看着宰相的肚皮，仿佛要把宰相的五脏六腑看个透一样。

宰相看见他的样子，十分不解，迷惑地问："你不修面，却只看我的肚皮，这是为何呢？"

梳工装作一副傻乎乎的样子解释说："大家常说，宰相肚里能撑船，我看大人的肚皮并不大，如何能撑得下一艘船呢？"宰相一听他这么说，放声大笑："大家那么说是因为宰相的胸怀大，对一些小事情都能包容，向来都是不计较的。"

话刚落音，梳工扑通一声跪在地上，声泪俱下地说："小的该死，刚才修面时一不留神将相爷的眉毛刮掉了！相爷心胸宽广，请您一定要恕罪。"

宰相一听，哭笑不得：眉毛给刮掉了，叫我以后怎么见人呢？宰相不由有些恼怒，正想发作的时候，又转念一想：自己刚讲过宰相心胸开阔，怎能为这点小事而治他的罪呢？

因此，宰相便豁达平静地说："没事，且去把笔拿来，再画上眉毛就行了。"

故事中的梳工临危不乱，通过称赞宰相而躲过了一劫，这就是所谓的藏锋显拙的奇妙之处。

在工作中，假如你的能力的确超过上司，也有必要装装糊涂。因为有的上司有疑心病，在他们长期的职业生涯中，不免有一些人会背叛他们，或是得了他们的好处却不知回报，长此以往，他们对别人都不敢太过信任。这种人认为，属下就应该比自己矮一截，这样他们才会有成就感。所以，他们只会提拔能力比自己低的属下。他们一旦看到属下的能力高过自己时，马上会显得忐忑不安，还会对属下施加压力。所以，当你的才能高于上司时，不要过于外露锋芒，要避免引发上司的猜忌。

大智若愚，藏巧于拙，像孙膑装疯卖傻、司马懿装傻充愣一般，不但保全了自己的性命，并且也为最后取得胜利打下了基础。假如人皆不能而唯我独能，则我必将成为众矢之的。所以，韬光养晦，偶尔糊涂，才是明哲保身之道。

有意糊涂一点，事实上不是真糊涂，而是真聪明，是聪明的最高境界。糊涂一点，不是对世事不闻不问、十分麻木，而是大智若愚、宽宏大量。领导者的难得糊涂不是浑浑噩噩，而是冷处理艺术中的高超手段。领导者要懂一点糊涂学，这样不但易于与同事相处，而且还能使自己更具亲和力。所以，领导者要学会装糊涂。

# 学会"聪明一世，糊涂一时"

老板，刚才那个客人明明就是故意找碴不买单的，你为什么还给他免单呢？

这样的客人毕竟是少数，我跟他争执势必会引起其他食客的注意，这样会影响店里的生意，还不如小事化了。

人生如战场，时时刻刻存在着斗智斗勇。在错综复杂的人际关系中，在多样的现实矛盾中，人们处世的态度截然不同。

汉代名臣陈平以品行端正闻名，且才智过人，明白糊涂策略的真谛，能在需要时巧装糊涂。他曾两次装糊涂，为稳固汉室江山起到了不可小觑的作用，一直被世人赞颂。

汉高祖刘邦称帝后，把自己诸多的儿子都分别册封为王，各据一方。刘邦临终时又召集列侯群臣于病床前郑重嘱咐："此后非刘姓不得封王，如违此约，天下共诛之。"刘邦死后，刘盈即位，即汉惠帝。可惜这位年轻皇帝命薄福浅，即位几年后就病逝了。皇帝死了，对国对家都是伤心事，他的生母吕后本该是悲痛难忍，但是在为汉惠帝发丧时，她只是干号，并没有泪水，还不时用眼角偷看在场的大臣们。丞相陈平对此一时不解，张良的儿子张群轻声对他说："皇上驾崩，幼主登基，太后顾虑大臣们不服管制。假如丞相请太后点吕氏之侄吕产、吕台、吕禄为将，统率京城禁军，手握大汉重权，我想太后就会放心了。"

丞相陈平从大局出发，为稳定时局，安定人心，采纳了张群的建议。

但是，吕后并不甘心于她的家族兄弟只处于将位，在诸吕控制朝中大权后，吕后得寸进尺想封诸吕为王。可刘邦临死前曾当众留下遗嘱，非刘氏子弟不得称王。现在吕后要这样做，明显是要变刘姓汉室为吕氏天下。

右丞相王陵为人正直，以直言著称，也是刘邦的同乡。当吕后征求他的建议时，他态度十分坚决地说："高帝宰白马，与大臣盟约，非刘氏而王，天下共诛之。如今封诸吕为王违反盟约，不可！"

吕后听了王陵的话心里很是不爽，又去问左丞相陈平，陈平却不加考虑地说："高帝平定天下，册封自己的子弟为王。现在太后执管朝政，封自己的弟兄为王没有什么不可以的。"太后大喜，于是封诸吕为王。

右丞相王陵见陈平欣然同意封诸吕为王，十分愤怒，可又无能为力，于是转而指责陈平："当初与高帝歃血为盟，你难道忘了吗？如今高帝去世，太后要封诸吕为王，你们见风使舵，违背了盟约，还有什么脸面见先帝呢？"陈平却是不愠不火，用坚定的语气回答道："如今你在朝廷据理力争，我不如你；但关于保住刘氏宗庙，稳定刘氏天下，你怕是不如我的。"

陈平自然清楚刘邦的遗嘱，为什么还要同意吕后的请求呢？是因为他胆小怕事、贪生怕死吗？非也！他把自己的真实目的隐藏起来，是想等待时机成熟时，再举事发难。现在的迎合只是暂时的，眼下的牺牲是局部的，等待时机守住根本、保住大局才是他真实的意图。生活中我们不免会碰到这样或那样的危险，只要你保持淡定，掌握好情绪，糊涂面对，就有机会化险为夷。

"糊涂"有时也是一种大智慧，是一种能给自己一个面具，又不怕失去自己的艺术。例如，张作霖在写字时巧妙地把"墨"写成"黑"，不是因为自己不会写，而是为了表明对于日本的侵略寸土不让。

# 不要太露锋芒

花看半开，酒饮半醉。鲜花盛开得最为娇艳的时候，不是马上被人采摘而去，就是即将开始衰败。人生也是如此，凡事只达七八分才有情趣。这样瞻前大有希望，顾后也没断绝生机。因此，不管你有怎样出众的才智，一定要牢记：不要把自己看得太了不起，不要把自己看得太重要，不要把自己当作救世济民的贤人君子。

清高、孤傲与怠慢事实上是一种自私心理，这三者往往是联系在一起的。它们相互作用的结果常常使人孤陋寡闻，而其中危害最大的就是傲慢。

东汉时期，祢衡很有才气，在社会上也十分有名气。可是，他恃才傲物，素来都不把别人放在眼里。他常常说除了孔融和杨修，"余子碌碌，莫足数也"。他容不下别人，别人自然也容不下他。因此，他"以傲杀身"。

汉献帝初年，孔融上书推荐祢衡，大将军曹操才有召见之心。祢衡瞧不起曹操，称病不去，还出言不逊。曹操还是给了他一个掌管击鼓的小官，用来羞辱他。一天，曹操大宴宾客，让祢衡穿戴着鼓吏衣着当众击鼓为乐，祢衡竟在大庭广众之下扒光衣服，赤身露体，让宾主自讨没趣。

曹操对祢衡恨之入骨，可又不想因杀他而坏了自己的名声，心想像祢衡这样狂妄的人，迟早会招来杀身之祸，于是把祢衡送给荆州牧刘表。祢衡替刘表掌管文书，十分卖力，但不久便因傲慢无礼而得罪了众人。

刘表也是个聪明人，于是把他打发到江夏太守黄祖那里去。祢衡为黄祖掌书记，开始干得也不错，后来黄祖在战船上大宴宾客，祢衡因说话无礼而受到黄祖的训斥，祢衡竟当面顶撞黄祖。黄祖是个急性子，盛怒之下把他杀了。那时，祢衡年仅26岁。

祢衡在短暂的一生中没有经历过什么大事，我们很难推测他到底才高几何。可是，狂傲至此，即便有孔明之才，也必招杀身之祸。由此可见，自傲会带来什么样的后果。

做人最忌讳恃才自傲，不知忍让，那样造成的残局只有自己来收拾。傲慢的人是粗鲁的，他哗众取宠、盛气凌人，常常摆出"趾高气扬，不可一世"的姿态。

傲慢的人是无知的，他庸俗肤浅、狭隘偏激，表现出夜郎自大的心态，是爱慕虚荣和一知半解结合的怪物。

傲慢的人是愚笨的，他故作高深、附庸风雅，事实上表现出的是井底之蛙的仰望，是装腔作势的不明智的做作。

傲慢的人是自负的，他难以接近，别人只得敬而远之，或避而远之。

放下你的傲气，用平和的心态融入群体，你会发现其乐无穷。俗话说，有本事要让别人去说。一个真正有能耐的人是不喜欢自吹自捧的，因为别人的眼睛要比你的眼睛亮得多。如果你时常为芝麻小事而得意忘形、盛气凌人，进而去接受别人的夸奖，把它当作一桩了不起的事情，那你其实是在欺骗自己。这样，你就会很容易迈上失败之路，因为你早已失去自知之明，就像盲人骑着瞎马胡走乱闯，怎么会有成功的可能呢？

# 假糊涂，真智慧

我知道你们学美术的都喜欢艺术品，我也喜欢。我家里有一幅凡·高的睡莲图，改天请你来看看！

那真是得找个机会去看看。

上述图画中，学美术的先生明知道《睡莲》是莫奈的名作，但却没有直接指出对方的错误，给对方留了面子。因为他知道，和一位不懂艺术的人谈论艺术其实是没有意义的，还不如看破不说破，这才是真智慧。

郑板桥的"难得糊涂"言简意赅地说出了糊涂生活的大智慧。糊涂与清醒只在一念之间，参照物不一样，得到的结果自然也不同。别人眼中的糊涂，你自己或许觉得是清醒；你眼中的糊涂，在人家眼里又可能是清醒。其实，这都不重要，关键是我们要学会"难得糊涂"，以便在生活中能挥洒自如，逍遥自在。

有关"难得糊涂"这四个字的出处，有下面这样一则小故事。

据说，有一年，郑板桥到山东莱州云峰山参观郑公碑，夜间借宿在山下一老儒家中，老儒对外声称糊涂老人，但言谈举止高雅非凡，因此两人交谈十分投机。老人家中有一块硕大的砚台，石质细腻，镂刻精美，郑板桥看了十分赞赏。老人欲留下郑板桥墨宝，以便请人雕于砚台背面，郑板桥觉得糊涂老人必有来头，便题写了"难得糊涂"四字，并加盖了自己的名章"康熙秀才雍正举人乾隆进士"。砚台有方桌大小，还有很大一块空缺，郑板桥便请老人题写一段跋语，老人并没推辞，提笔写道："得美石难，得顽石尤难，由美石转入顽石更难。美于中，顽于外，藏野人之庐，不入富贵之门也。"写罢也加盖方印，印文是："院试第一，乡试第二，殿试第三。"郑板桥看后，猜老人定是一位操行高雅的退隐官员，于是对他心生敬仰情意。郑板桥见砚台还有余隙，便又执笔补写了一段文字："聪明难，糊涂尤难，由聪明而转入糊涂更难。放一著，退一步，当下安心，非图后来报也。"后来这段文字流传开来，人们感慨其中富含深意和哲理，"难得糊涂"一词也就广为流传了。

生活中，功名利禄和家庭美满，都是许多人梦寐以求的东西。许多人都会将自己毕生的精力投注于这些方面。精打细算尽管有助于事业的发展，提高做事的效率，可是一个精明干练的人，却难以受到大部分人的欢迎。特别是在为人处世方面，往往会遭遇一些不可预料的阻力，这也是做人最难的地方。因此，对于有些人和事，应该学会糊涂。可是，究竟何事可以糊涂，何事不能糊涂？怎样把握这个分寸才算恰到好处？这其实是一门很深的学问。在哪个时机应当"从糊涂中入，从聪明中出"，或在哪个时机应该"从聪明中入，从糊涂中出"，这么出出入入，在聪明和糊涂之间互相转换，若可以把握其中的关键，就能由此变成一个真正的智者。

漫漫人生路，路途的艰辛使人心情烦躁，心浮气躁便更觉路途艰难。可是，假如我们静下心来，不把终点作为唯一的目的地，我们就不会身心疲惫，而会有心情去欣赏大自然的鬼斧神工，去观赏路边不知名的野花。珍惜每一天，把每一天看作好日子去过，充分体验每一分每一秒，好好珍惜现在。这就是生活的"糊涂学"。

正如古人所说："聪明有大小之别，糊涂有真假之分，所谓小聪明大糊涂是真糊涂假智慧，而大聪明小糊涂乃假糊涂真智慧。所谓做人难得糊涂，正是大智慧隐藏于难得的糊涂之中。"

从理论上讲，如果一个人的智商比普通人的智商高出许多，那么这个人就是我们生活中公认的聪明人。然而，从实际情况出发，我们会发现许多成功的人物并不是绝顶聪明的人；反之，他们可能还有些"笨"。有统计数据表明，成功的人物中智商超群的人只占少数，而其中的大部分人的智商都只是普通人的水平。可是，他们成功了。为什么会这样呢？其实，成功的人物更看重智慧。

生活中，聪明与智慧的确是两回事。聪明是一种先天的东西，人们总会看到聪明人的光芒，但这种表面的光辉，不能令聪明人成功，因此我们常常看到很多聪明人一事无成。可是智慧就不一样了，有智慧的人不一定聪明，如塞翁失马中的塞翁、愚公移山中的愚公，他们眼里看见的不是眼前的利益，而是长远的好处，因为日后的大利，他们愿意去吃眼前的苦。这样的人不一定是聪明人，却一定是一个拥有智慧的人。

　　所以，我们一定要通过实践把聪明转变成智慧，在智慧的基础上行事，以达到事半功倍的效果。

Part
04

学会拒绝，
做人不要太软弱

# 别打肿脸充胖子

老婆，你就给我五万块钱吧，我都答应老林借给他钱了，总不能言而无信吧！

咱们家什么情况你又不是不知道，现在还欠着外债，哪里有闲钱往外借？你答应别人的事你自己想办法，我没钱。

　　如今，很多餐馆的桌子上都会放一个纸巾盒。食客们吃完饭顺手拿一张纸巾，将嘴一抹，似乎成了必不可少的一个环节。若是缺了这个环节，便会感觉别扭，不舒服，跟早晨没刷牙一样。

　　在古代，食物缺乏，人们往往吃的是粗茶淡饭，油水很少，所以哪家偶尔吃了一顿荤腥，人们舍不得将嘴上的油花抹去，而是留在嘴上，至少也要抹在袖子上，出门可以充门面。嘴上冒油，袖口、衣襟油光锃亮，这才算有面子。

清末著名小说家吴趼人在《二十年目睹之怪现状》里，描写了一个人穷困潦倒，却还要装样子，在众目睽睽之下沦为笑柄的故事。

有一天，高升到了茶馆里，看见一个人进来泡茶，却是自己带的茶叶，打开了纸包，捏了几片茶叶放在碗里。那堂上的人道："茶叶怕是少了吧？"那人哼了一声道："你哪里懂得？我这个是大西洋红毛法兰西来的上好龙井茶，只要这么三四片就够了。"高升听了感觉非常奇怪，走过去看看，他那茶碗里面飘着三四片茶叶，就是平常吃的香片茶。那一碗泡茶的水，莫说变成红色，连黄也不曾黄一黄，竟是一碗白开水。

高升心中，已是暗暗觉得好笑。后来高升又看见那人从腰里掏出两个京钱来，买了一个烧饼，在那里撕着吃，细细咀嚼，像很有滋味的样子。吃了一个多时辰，方才吃完。忽然那人又伸出一个指头，蘸些唾沫，在桌上写字，蘸一口，写一笔。高升心中很以为奇，暗想这个人何以用功到如此，在茶馆里还背临古帖呢！于是高升细细留心去看他写什么字。原来，他哪里是写字，只因他吃烧饼时，虽然吃得十分小心，但那饼上的芝麻总不免有些掉在桌上，他要拿舌头舔了，拿手扫来吃了，恐怕叫人家看见不好看，失了架子，所以在那里假装写字蘸来吃。

那人写了半天字，桌上的芝麻一颗也没有了。他又忽然在那里出神，像想什么似的。那人想了一会儿，忽然又像醒悟过来似的，把桌子狠狠地一拍，又蘸了唾沫去写字。这是为什么呢？原来他吃烧饼的时候，有两粒芝麻掉在桌子缝里，任凭他怎样蘸唾沫写字，总弄不到嘴里，所以他故作忘记，又忽然醒悟的样子，把桌子拍一拍，那芝麻自然被震了出来，他再做成写字的样子，自然就吃到嘴里了。

不管是古代还是现代，我们都会看到一些"死要面子活受罪"之人，他们极其要强，宁愿身受苦，也不让脸面受损。面子关系着他们的身家性命，所以争面子也叫争脸，争不到至少要保住，保不住就是丢脸。丢脸的事要尽量压下去，这叫"家丑不可外扬"。"面子"是中国人心理上的沉重包袱，看似薄薄的情面，有时却有难言的苦衷。赛先生的经历就很有代表性。

一日，赛先生和侄儿去购物，见着需要的东西，大家都想买。侄儿刚参加工作，手头比较紧张，自然没钱可掏了。赛先生亦不想再做冤大头，就没有如往昔般积极付账。售货员机灵地说："一看您就是有钱、有地位的人，那点小钱您还在意……"一句话噎得赛先生半天喘不过气来，尽管那些东西要花赛先生 500 多元，但为显示自己"有钱、有地位"，也只好把手缓缓地伸向钱包。

朋友相聚，赛先生不胜酒力。但朋友一句："这点面子也不给吗？"他便将酒一饮而尽。几轮下来，赛先生稍有推辞就被说成是没有酒品，这多失面子呀，于是乎，他牙一咬，心一横，拿起酒杯喝了一杯又一杯，回家后却痛苦不堪。

朋友有事相求，赛先生明知在自己能力之外，但听到朋友一句"咱俩什么交情，这点面子你能不给"，便满口答应。然后只能求爷爷告奶奶地咬着牙，硬将事办成。

有些人重视面子到了不可理喻的程度。爱面子无可厚非，但是争面子要通过正当的方式，否则只会遭人唾弃。鲁迅说："每一种身价，就有一种'面子'，也就是所谓'脸'。这'脸'有一条界线，如果落到这线的下面去了，即失了面子，也叫作'丢脸'。"面子不仅会影响人们的消费方式，还会影响人们的理财观念，更重要的是，面子还可能会影响人们的职业生涯，甚至决定一个人的命运。

爱面子的人很奇妙，可以吃闷亏，可以吃暗亏，但就是不能吃"没有面子"的亏。可是这种"死要面子"给人们带来了什么？一个字——累！成功之路原本就很坎坷，何必再给自己套上面子的枷锁负重而行？要拒绝被"面子"绑架，放下面子方是做人、做事的智慧选择。

# 别为了面子徒累自身

古语中有句话："士可杀，不可辱。"在古代战争中，每位将士被俘虏后遭到敌人的戏弄时最喜欢说的就是这句话。他如果被羞辱，那么活着便没面子，还不如死去。为保气节宁死不屈本是高贵的行为，但是为了面子选择死亡，是舍本逐末，白白受罪。

项羽在鸿门宴上碍于各方的"面子"，最后在瓮中捉鳖的条件下放掉了自己最危险的敌人；战败之后，他本可以乘船逃回江东，但他没有勇气去面对和重组往日的部下，失去了东山再起的信心，留下"纵江东父兄怜而王我，我何面目见之"的千古之恨！

《水浒传》中武松上景阳冈打虎前有一段细节描写。

武松读了印信榜文，方知端的有虎。欲待发步再回酒店里来，寻思道："我回去时，须吃他耻笑，不是好汉，难以转去。"存想了一回，说道："怕甚么鸟！且只顾上去，看怎地！"

武松"明知山有虎，偏向虎山行"，不是因为他不怕死，只因他上山前跟店老板夸下海口，碍于面子，他只好一条道走到黑了。但武松是幸运的，他把虎打死了，从而一举成名，既保住了面子，又获得了名声。

爱面子，若往好的方面发展，乃是重视荣誉的表现；若往坏的方面发展，则是爱慕虚荣。若是爱面子到了不要命的地步，那就是本末倒置。

林语堂在《吾国与吾民》一书中提到"讲面子"是中国社会普遍存在的一种心理，面子观念的驱动，反映了中国人自尊与尊重他人的情感需要，但过分地爱面子就会形成一种异化心理，如果任其演化下去，终将得不偿失。

春秋战国时期，齐国有三个勇士，一个叫田开疆，一个叫公孙捷，一个叫古冶子，号称"齐国三杰"。这三个人皆勇武异常，深受齐景公的宠爱，但他们却恃功自傲。当时田氏的势力越来越大，直接威胁着齐国国君的统治，而田开疆正属于田氏宗族。相国晏婴担心"齐国三杰"为田氏效力而危害国家，屡谏齐景公除掉"齐国三杰"，然而齐景公爱惜勇士，一直没有表态。

适逢鲁昭公访问齐国，齐景公设宴款待。鲁国由叔孙婼执礼仪，齐国由晏婴执礼仪，君臣四人坐在堂上，"齐国三杰"佩剑立于堂下，态度十分傲慢。晏婴心生一计，决定乘机除掉这三个心腹之患。

当两位君主酒至半酣时，晏婴说："园中桃子已经熟了，摘几个请二位国君尝尝鲜吧？"齐景公大悦，令人去摘。晏婴忙说："金桃很难得，还是臣亲自去吧。"

片刻之后，晏婴端着六个硕大新鲜、香气扑鼻的桃子回来了。

齐景公问："就摘了这几个吗？"晏婴说："还有几个没成熟，只摘了这六个。"晏婴说完恭恭敬敬地献给鲁昭公和齐景公一人一个桃子。鲁昭公边吃边夸奖桃味甘美。齐景公说："这桃子实在难得，叔孙大夫天下闻名，当吃一个。"叔孙婼谦让道："我哪里赶得上晏相国呢？相国内修国政，外服诸侯，功劳最大，这个桃子应该他吃。"齐景公见二人争执不下，便说道："既然二位谦让，那就每人饮酒一杯，食桃一个吧！"两位大臣谢过齐景公，把桃吃了。这时，盘中还剩下两个桃子。晏婴说："请君王传令群臣，谁的功劳大，谁就吃桃，如何？"齐景公同意，于是传令下去。

话音刚落，公孙捷率先走了过来，拍着胸膛说："有一次我随国君打猎，突然从林中蹿出一只猛虎，是我冲上去，用尽平生之力将虎打死，救了国君。如此大功，还不应该吃个金桃吗？"晏婴说："冒死救主，功比泰山，可赐酒一杯、桃一个。"公孙捷饮酒食桃，站在一旁，十分得意。

古冶子见状，厉声喝道："打死一只老虎有什么稀奇！当年我送国君过黄河时，一只大鼋兴风作浪，咬住了国君骑的马的腿，一下子把马拖到急流中去了。是我跳进汹涌的河中，舍命杀死了大鼋，保住了国君的性命。像这样的功劳，该不该吃个桃子？"齐景公说："当时黄河波涛汹涌，要不是将军斩鼋除怪，我的命早就没了。你拥有盖世奇功，理应吃桃。"晏婴忙把剩下的一个桃子给了古冶子。

一旁的田开疆眼看桃子分完了，急得大喊大叫："当年我奉命讨伐徐国，出生入死，斩其名将，俘虏徐兵五千余人，吓得徐国国君俯首称臣，就连邻近的郯国和莒国也望风归附。如此大功，难道就不能吃个桃子吗？"晏婴忙说："田将军的功劳当然高出公孙捷和古冶子二位，然而桃子已经没有了，只好等树上的桃子熟了，再请您品尝了。您先喝酒吧。"田开疆手按剑把，气呼呼地说："打虎、杀鼋有什么了不起。我南征北战，出生入死，反而吃不到桃子，在两位国君面前受到这样的羞辱，我还有什么脸面站在朝堂之上呢？"说罢，田开疆竟挥剑自刎了。公孙捷大惊，也拔出剑来，说道："我因小功而吃桃，田将军功大倒吃不到。我还有什么脸面活在世上？"说罢也自杀了。这时，古冶子沉不住气了，大喊道："我们三人结为兄弟，誓同生死，亲如骨肉，如今他二人已死，我如何苟活，于心何安？"说完，也拔剑自刎了。

鲁昭公目睹此景，目瞪口呆，半天才站起身来，说道："我听说这三位将军都有万夫不当之勇，可惜为了桃子都死了。"齐景公长叹了一声，沉默不语。这时，晏婴不慌不忙地说："他们都是有勇无谋的匹夫。智勇双全、足当将相之任的，我国就有数十人，这等武夫莽汉那就更多了。少几个这样的人也没什么大不了的，各位不必介意，请继续饮酒吧！"

这就是"二桃杀三士"的故事。后来，齐景公按武士的葬礼规格安葬了他们，葬于都城南，墓称"三士冢"。


王安石的《寄吴冲卿》中有一句"虚名终自误"，发人深省。人追求荣誉，无可厚非，但应该分清是什么样的荣誉，是名实相副的，还是盛名之下其实难副的，后者不仅徒累自身，还可能招致灾祸。总之，死要面子的人看似光鲜，其实那光鲜之下却是浅薄，让他们活活受罪。因为他们的性格和心灵中，没有那种需要长期积累沉淀下来的真正高贵的修养和品位。

# 不要因人情而违心做事

　　求人办事欠"人情"，请客吃饭还"人情"，平时联络储蓄"人情"……人是一种社会性动物，人与人之间难免需要互帮互助，所以"人情"便应运而生。

　　人情利用得好，不仅能够为他人解决燃眉之急，还能借此交到不少知心朋友。这本是一件好事，但有些人却过于看重人情，对于这些人来说，人情就是一个不折不扣的包袱。对于明明不能答应的事情，这些人却因为顾及人情而答应下来，结果却是费力不讨好，既在朋友那里落了埋怨，自己也是打落牙齿往肚子里吞，最后不得不被"人情"牵着鼻子走。

在现实生活中，每个人的社会关系都是错综复杂的。如果我们过于看重人情，那么人际关系就会演变成一张束缚我们的网，而我们则会被束缚其中不能动弹。在这种情况下我们寸步难行，更不用说能有什么大作为了。

　　小丁刚从大学毕业，由于初入社会，工作经验不足，所以工资除了满足温饱外很难有结余。月末刚发了工资，小丁十分开心，平时为了节省生活开支，她吃得都不是很好，所以决定去馆子里大吃一顿。就在这时，她接到了一个好朋友的电话。原来，好朋友马上就要结婚了，婚期就在下个月月初，她十分热情地邀请小丁一定要到场。由于两个人的友情一直很深，所以尽管小丁心中有所顾忌，但还是在电话中接受了对方的邀请。

　　挂完电话，小丁就犯了难，她所在的公司管理制度十分严格，而好朋友的婚期又不在周末，她要想参加好朋友的婚礼，就必须请假。小丁是个责任感很强的人，公司的工作也十分繁忙，难道真的要请假吗？作为一个新员工，她十分清楚请假会在无形当中影响自己在领导心目中的形象，但既然已经答应了好朋友，那硬着头皮也得去请假了。

　　除此以外，还有一个问题让小丁十分头疼，那就是给多少礼金合适。小丁刚刚工作，并没有什么闲钱，但自己跟这位要结婚的好朋友关系很好。有一次自己孤身在外患了阑尾炎，做手术的时候她可没少帮忙，三天两头照顾自己，帮自己炖汤补身体，如今她要结婚了，作为她的好朋友，出手不能太寒酸。

为了让礼金能看得过去，小丁专门给几个同样受到婚礼邀请的朋友打电话询问。令她吃惊的是，同学们出手都很阔绰。既然大家都这样，那小丁给的礼金自然也不能太少，于是她便忍痛把工资的一半装进了礼金红包。在喜庆的氛围中，朋友的婚礼很快落幕，小丁在人情上是好看了，但她接下来 3 周的生活却陷入了困境。

在这个繁华的大都市，吃穿住行的消费不用多说，而小丁剩下的那部分工资实在是少得可怜。很快又到交房租的时候了，这该怎么办呢？陷入经济困境的她不得不向父母求助。

在接下来的几个月里，几乎每个月都会面临人情世故上的事：同事过生日，表嫂生小孩，同学结婚，老人生病……小丁对人情看得很重，甚至把人情摆在了第一位，所以不论事情大小，她都不敢轻易错过，认为买的东西少了也不好看。而她为了这些乱七八糟的人情，已经连续几个月入不敷出了，如果没有父母的支援，只怕要睡大街了。

故事中，小丁烦恼的根源并非需要送礼金的朋友太多，也不是收入低，而是她已经被"人情"绑架了。为了人情，哪怕再不愿意也要违心地送上礼金，这无异于作茧自缚，又怎能不苦恼呢？人情往来本是无可厚非的，但一定要量力而行，如果动不动就把人情摆到第一位，那么势必会被其所累，甚至自己会为此陷入一个无法自我救赎的怪圈。

人情是人们"面子观"的集中体现，仔细看看自己的周围，如今有多少人被人情绑架？为了人情，为了面子，哪怕只是孩子升学也要大摆宴席，甚至不惜大摆排场，因为在这些人看来，只有场面够大脸上才能有光。为了人情，哪怕心中不愿意，但还是不得不参加各种宴会饭局，哪怕多么不情愿给高额的礼金，但为了人情也只能花钱买个面子，这又是何苦呢？这不是作茧自缚又是什么呢？

当人情已经演变成一种负担、一种束缚我们的牢笼时，我们不妨试着打破它。人生在世，需要背负的东西太多，能轻装前进是最好不过的，所以能丢掉的人情就丢掉吧，这没有什么不对。与其为了人情说违心话，不如丢掉人情做一个诚实的人，唯有冲破人情的束缚，才能"破茧成蝶"，舞出属于自己的精彩人生。

# 对无偿加班勇敢说"不"

"世界上最痛苦的是什么？"

"加班！"

"比加班更痛苦的是什么？"

"天天加班！"

"比天天加班更痛苦的是什么？"

"天天无偿加班！"

"不在加班中病态，就在加班中变态。"

"8 小时内无法完成自己的工作——无能！公司给了你 8 小时内根本无法完成的工作——无情！觉得加班可以给领导留下更好的印象——无知！白天不工作，就为蹭加班费——无耻！真的遇到无情的公司只好加班——无奈！"

这些关于加班的说法，在调侃之余，也真实地反映了职场人的生活和工作现状，因为加班已经成为他们生活中不可避免的一部分。

如今，城市的生活节奏越来越快，人们的压力也越来越大。在一座座高级写字楼里面工作的白领们，却要为这些负面效应买单。当"朝九晚五"变成"朝五晚九"时，很多人渐渐感觉精神涣散。

小林拖着疲惫的身躯回到住处时，已经是午夜 12 点了。屋子已经有近一个月没有好好打扫了，到处都是一次性餐盒和作废的设计图。小林找来笤帚胡乱扫了扫，感觉有些头晕，便躺在沙发上。沙发上堆满了衣服，小林抱起一团堆在左边沙发上的衣服，顺势扔到右边的沙发上，顿时右边沙发上的衣服又高出了一大截。沙发上终于有了一个空位，小林艰难地把自己塞进去，手握遥控器，随便选了一个电视节目。在他看来，躺在软软的沙发上，悠闲地看十几分钟肥皂剧，就是一天中最悠闲的一刻。

电视上花花绿绿的图案在小林脑子里打转，他快睡着了。忽然一阵急促的手机铃声响起，刹那间小林心头一紧——又来活儿了。

果然，是老板打来的电话。今天递交的方案还有很多地方需要完善，明天早上要交给客户。小林揉揉眼睛坐到了电脑前，白光蓝光在他脸上晃着，键盘声响个不停。

从五年前在这家公司做实习生开始，加班就成了家常便饭。

刚开始，他还经常安慰自己，认为自己多做一点事情，就能有更多的业绩，从而多一些得到上级赏识的机会。于是，他把加班当成一个员工必须付出的代价。因为表现优秀，小林顺理成章地成功通过试用期，成为极少数留下来的实习生之一。

可是，当小林认为自己成了正式员工，终于可以享受朝九晚五的合理待遇时，加班的问题接踵而至。按时下班对小林来说几乎是奢望。因为加班，小林多次推掉了和朋友的小聚，搞得朋友们说他比老板还要忙。

一次，在下班回家的路上，小林在公交车上睡着了。他做了一个梦，梦见自己变成了终日生活在转轮里的仓鼠。它拼命蹬车，就为了拿到悬挂在轮子外面的那一块奶酪，但无论轮子蹬得多快，它都无法吃到近在眼前的奶酪。

一项研究显示，超时工作应被列入心脏病的风险因素。研究人员发现，每天超时工作的办公族，心脏病危险系数明显更高。

越来越多的人觉得，生命中比工作更重要的事情还有很多。特别是一些年轻的白领在工作中累死或猝死的事件频频发生以后，长时间工作的人不再被视为英雄，而是被看作不珍惜生命的人。

事实上，拒绝加班并不是和老板公然对抗，而是用更为智慧的方式来争取自身的利益。想要拒绝加班，全权分配自己工作之外的作息时间，就需要学会下面几招。

1. 提前准备法

在每天下班之前的一两个小时，向老板询问有没有临时的工作安排。你可以这样说："老板，我今天想要正点下班，请问您这里有需要临时处理的文件吗？"如此，不但让老板觉得自己得到了应有的尊重，而且在维护你"正点下班"这一权利的同时，留下了可以协商的余地。

在询问的时候，一定要坚持自己的立场，千万不能使用商量的语气，如："老板，我今天可以不加班吗？"这样往往会得到否定的回答，还会让自己在老板的心目中留下一个好吃懒做的印象。

2. 义正词严法

若你在上司眼中并不算优秀员工，而只是个私生活时间较少、可以随时拿来蹂躏的"软柿子"，那就请你直接告诉对方："对不起，我今天恐怕无法加班。毕竟我也有自己的家人和朋友，需要有自己的生活空间。而且我的加班时数已经远远超过其他同事，因此我今天拒绝加班。"

当然，这一招所带来的风险就是，你很有可能"炒了老板的鱿鱼"。所以，若非身处严格照章办事的大公司，这一招还是少用为妙。

现在，请你静下心来想一想：你有多久没有和三五知己一起说话谈心了？你有多久没有陪爱人逛街了？你有多久没有陪年迈的父母吃顿饭了？所以，拒绝那些额外的加班吧，到点就放下工作，回去多接近和善待那些真正对你很重要的人。因为他们记得的不是你在工作上的成就，也不是你的升职加薪，而是和你相处的欢乐时光。

# 拒绝分外事，不当"老白干"

小周，刘姐休假了，你帮她把她的这个项目申报一下。

可是肖哥，我对这个项目不熟，我怕弄错了给公司造成损失。您来公司时间长，经验丰富，还是您来申报吧！

老板的快递到了，但老板不在，你签收还是不签收？同事休假却正好有他必须完成的工作，你帮不帮他顶一把？要给客户演示的 PPT 似乎不够好，你会不会顺手完善一下？在重要会议上，某个同事陷入尴尬境地，你要不要帮他解围？

在职场上，诸如此类的分外事随时都在发生，做还是不做？一些员工每天都忙忙碌碌，但并没有做出什么很显著的成绩，这是为什么呢？其中一个很重要的原因就是他们不懂得拒绝，大事小事统统包揽，做事不分先后，不知道协调，只要别人一开口，他们就会忙前忙后，却忘了更重要的事情，"捡了芝麻，丢了西瓜"。

小莉去年大学毕业之后，应聘到一家服装外贸公司上班，公司除了老板之外，还有十来个同事，有财务，也有文员。小莉心想：作为一个外贸员，做好自己的业务开发工作就行了，工作职责应该是分明的。

可惜公司职员的职责并不是泾渭分明的，上班不到一个月，问题就接踵而至。

先是有一天，她不小心把水杯打翻了，在擦桌子、拿拖把拖地时，被老板看到了，老板以为她在打扫卫生，先是笑眯眯地表扬她："小莉就是勤快！"接着老板吩咐道："待会儿顺便也帮我整理一下办公桌吧。"小莉愣了一下，考虑到当着那么多同事的面，不好驳老板的面子，就乖乖地应承了。结果，隔三岔五这差事就落到了她的头上。幸好，频率并不是太高。

接着是有一天，小莉看同事做报价表时，Excel 操作得不太熟练，于是好心去教了一下；另一个同事收到的客户文件打不开，她又帮忙下载了一个软件。于是，大家都认为她是个电脑高手，有了电脑方面的问题就叫小莉来处理。

后来，单位的电脑坏了，需要重装系统，老板把她叫去："快快快，给我修一下！"小莉想，这样下去还了得，装作一脸为难地说："这个，我以前也没做过，不知道怎么弄。"结果，老板立刻说："没事的，我相信你一定能行！你这么聪明，就算不会，看看说明书也就会了。"

以前，单位里接到不明电话找老板，有的同事随口就报出老板的电话，结果老板被一些推销人员弄得很烦；有的同事则一概回绝说不知道，结果丢掉了一些潜在的客户或资源。小莉接到此类电话后，会用技巧过滤一下，把有用的信息转告给老板。时间长了，老板索性吩咐其他同事，遇到这种情况就把小莉的电话报给对方，就说小莉是他的秘书。于是，小莉发现，自己的大部分时间花在了跟这些人的周旋上，使得自己的工作做得断断续续的。

当领导一块一块往你身上加砖时，他并不是不知道砖的分量，但又觉得把工作交给一个老实巴交又不懂拒绝的人最省心。

小威是一家保险公司的业务员。有一天，他和客户约好在一家茶楼里谈业务，他用尽浑身解数给这位客户介绍了业务内容，但是这位客户好像诚意不大，心不在焉地喝着茶，似乎根本就没有听进去。

小威知道这位客户是搞电脑硬件销售的，而小威在大学学的就是电脑。于是他就转移话题，大谈当今电脑硬件在市场上遇到的普遍问题，结果把对方的兴趣提了上来，最后两个人约定下个星期再见面，正式签合同。

小威非常兴奋，到了那天，早早地就准备好了相关的材料，然而这时手机响了，他的主管说有个多年没有联系上的大学同学要来，让小威帮忙去机场接一下。

　　小威觉得这是主管交代的事，自己应该帮忙，于是就答应了。由于堵车，等他从机场回来，他的客户早就走了，所以他痛失了一单千辛万苦才谈下来的生意。

　　每个人的能力不同，所以能承受的工作强度也不尽相同。老板给你指派任务时，你一定要先弄清楚这是不是自己的分内事。

　　不要盲目地执行随机分派下来的任务，否则你只会在一阵手忙脚乱之后，发现自己把这份工作做得一团糟。

　　拒绝上司有多种方式，身在职场的你应该怎样拒绝才能既不伤和气，又能准确地让上司明白你的意思呢？

　　1. 永远不要当众拒绝

　　当众拒绝上司的弊端有三个：一是让自己显得狂妄自大，不把上司放在眼里；二是容易引起上司的反感；三是会被上司鸡蛋里挑骨头，自己脸上也无光。

　　2. 拒绝之前先给上司一顶高帽

　　可以先赞扬上司是如何通情达理、善解人意，然后才拒绝。这样，上司不仅心里舒服，也不会驳回你的拒绝。

　　3. 把你不这么做的原因说出来

　　首先表明自己对这项工作的重视，表明自己愿意接受的心情，然后再说明自己的遗憾，说明自己为什么不能接受，比如说自己手里有件紧急工作，必须在这两天赶出来。充足的理由、诚恳的态度一定能使自己得到上司的理解。注意，在陈述理由的时候，一定要以公司为主，表现出你的拒绝完全是出于工作考虑。

4. 拖延时间

绝对不要在第一时间说不，如果这是一件你不愿意做的事，暗中拖延也许是最好的拒绝办法。

5. 一味拒绝并不可取

如果你拒绝的理由冠冕堂皇，但是上司仍坚持非你不行，这时你便不能一味地拒绝，否则上司可能会怀疑你的工作干劲和能力，以致对你失去信任，在以后的工作中，有意无意地使你与机会失之交臂。

运用这些方法，你能进一步赢得上司的理解和信任，也会为以后的工作铺开一条平坦的大道。因为上司也和你一样是普普通通、有血有肉、有感情的人，你用温和的态度对待他，他也会用温和的态度对待你。

Part
05

妙言巧语，
办事要能说会道

# 真心诚意，说话的魅力在于真诚

真诚的语言是最能打动人的。巧妙地运用充满真情诚意的话语，可以促使说者与听者产生情感共鸣，可以使双方的关系变得融洽，从而营造出一种良好的沟通氛围，建立广泛的人际关系，为成功创造有利的条件。

1915 年，小洛克菲勒还是科罗拉多州一个不起眼的人物。当时美国发生了美国工业史上最激烈的罢工，并且持续了两年之久。愤怒的矿工要求科罗拉多燃料钢铁公司提高薪水，此时小洛克菲勒正负责管理这家公司。

　　当时那种情况，可以说是民怨沸腾。小洛克菲勒后来却赢得了罢工者的信服，他是怎么做到的呢？

　　原来，小洛克菲勒花了好几个星期结交朋友，并向罢工者代表发表了一场充满真情的演说。那场演说可谓不朽，它不但平息了众怒，还为小洛克菲勒赢得了不少赞誉。演说的内容是这样的：

　　"这是我一生当中最值得纪念的日子，因为这是我第一次有幸能和这家大公司的员工代表、公司行政人员和管理人员见面。我可以告诉你们，我很高兴站在这里，有生之年都不会忘记这次聚会。假如这次聚会在两个星期前举行，那么对你们来说，我只是个陌生人，我也只认得少数几张面孔。但由于上个星期以来，我有机会拜访附近整个南区矿场的营地，私下和大部分代表交谈过。我拜访过你们的家庭，与你们的家人见过面，因而现在我们不算是陌生人，甚至可以说是朋友了。基于这份相互的友谊，我很高兴有这个机会和大家讨论我们的共同利益。由于这个会议是由资方和劳工代表所组成，承蒙你们的好意，我得以坐在这里。虽然我并非股东或劳工，但我深觉与你们关系密切。从某种意义上说，我也代表了资方和劳工。"

这样一番充满真诚的话语，是化敌为友的最佳途径。假如小洛克菲勒采用的是另一种方法，与矿工们争得面红耳赤，用不堪入耳的话骂他们，或用话暗示错在他们，用各种理由证明矿工的不是，那结果只能是招来更多的怨恨和暴行。

此外，在人际交往中，我们经常会遇到"祝贺"这种交往形式，它一般是指对社会生活中有喜庆意义的人或事表示良好的祝愿和热烈的庆贺。通过祝贺你可以表达自己对对方的理解、支持、关心、鼓励和祝愿，以抒发情怀，增进感情。

祝贺的语言要真诚、富有感情色彩，语气、表情、姿态等都要饱含感情。这样才会有较强的感染力，才能达到抒发感情、增进友谊的目的。

道歉也是人际交往中常见的交流活动。为人处世，犯错总是在所难免的，毕竟"人非圣贤，孰能无过"。人们非常重视犯错后的态度。所以，犯错后，我们首先要坦率承认、真诚道歉。

你道歉的时候态度真诚，就更容易得到对方的谅解。相反，有的人在犯错时态度极差，道歉时也让人看不到一丝真诚，有的甚至根本就不道歉，只是一味地为自己辩解。结果，彼此之间的裂痕越来越大。

古人云："有朋自远方来，不亦乐乎？""莫放春秋佳日过，最难风雨故人来。"这些话都道出了朋友间所凝聚的真情厚谊，反映了朋友间肝胆相照、充满真诚的交往过程。可以说，充满真诚、以诚暖人，是交友说话、打动人心的重要因素，也是成功办事的重要因素。

# 关心体贴，让别人感觉到温暖

对人关心和体贴，自然会让人感到温暖。多说这一类话，会赢得真心的感动和感激。体贴，代表了对别人的爱护、关切和照顾。有一首歌这样唱道："只要人人都献出一点爱，世界将变成美好的人间。"对别人体贴就是对别人献出了爱，别人受到爱的感化，也会以爱相报。体贴的话会换来友爱，换来真诚，而"友爱"和"真诚"是每个人都需要的。

有些人总是慨叹这世上"友爱"和"真诚"太少，但其实他们并没有对别人说过体贴的话。

那么，怎样在与别人交往时表达出自己的关怀之情呢？你可以参考下面的几种方法。

1. 示之以鼓励

给遇到磨难或陷入某种困境的人指出希望，让他振作精神，乐观地从困境中走出来，对方会对你的善意表示感激。

2. 示之以关心

不论地位高低、贫贱富贵，人人都珍视感情。在必要的时候向别人表示关爱，别人也会把同样的善意之球抛掷给你。

作为上司，只有威严是不够的，还得富有人情味。下面是一个关于美国密歇根贝尔电话公司总经理福拉多的生活片段。

在一个寒冷的深夜，纽约的一条不算繁华的道路上很少有车辆行驶。这时，从街中心的地下管道内钻出一位衣着笔挺的人来。路旁的一个行人对此十分好奇，他想上前看个究竟，可一看却怔住了，他认出这个人竟是大名鼎鼎的福拉多！

原来，地下管道内有两名接线工在紧张施工，福拉多特意去表示慰问。他说："你们辛苦了，我特地来慰问你们，没有你们，就没有我的事业。"

福拉多被称作"十万人的好友"，他与他的同事、下属、顾客乃至竞争对手都保持着良好的关系。因此，这位富有人情味的企业巨人，事业如日中天。

3. 示之以同情

如果周围的人遇到了什么挫折和不幸，我们真诚地对他表示同情，就可以让他感受到我们对他的体贴和关心。这样，就能减轻一些他内心的痛苦。

当然，同情不是无原则的附和。如果对方的情绪产生于错误的判断，我们就不应当随便表示同情，以免助长其错误思想。例如，评定奖金，张三的工作态度不好，因而未评上一等奖，于是他发起了牢骚。如果你在这时对他表示同情，那就等于助长他的错误思想，而且你的同情也不一定能起到安慰的作用。这时你需要做的是劝导他正确对待这件事，好好工作，下次再争取。

不管采用什么办法，如果你的话语中充满了关怀之情，对方就一定会被打动，你们的关系也会更加和谐。

# 温言相求，说到对方心坎里

会说话同会办事是相辅相成的。话说得好听、说得到位，对方才乐意接受你提出的条件和要求。只有温言相求，拣对方爱听的话说，才有利于事情的解决。

西汉初年有一个叫季布的人，他为人正直，乐于助人。不管谁有困难，他都会热心地帮忙，所以名声很好。季布曾经是项羽的部将，他很会打仗，曾几次把刘邦打败，弄得刘邦很狼狈。后来，项羽于乌江自杀，刘邦夺取天下，当上了皇帝。刘邦每想起败在季布手下的事，就十分生气。愤怒之下，刘邦下令缉拿季布。

季布的邻居周季得到这个消息后，秘密地将季布送到鲁地一户姓朱的人家。朱家是关东一霸，素以"任侠"闻名。朱家人很欣赏季布的侠义行为，尽力将季布保护起来。不仅如此，朱家人还专程到洛阳去找汝阴侯夏侯婴，请他解救季布。

夏侯婴从小就与刘邦很亲近，后来跟刘邦起兵，转战各地，为刘邦建立汉王朝立下了汗马功劳。他很同情季布的遭遇，在刘邦面前为季布说情，终于使刘邦赦免了季布，还封季布为郎中。

当时，楚地有个名叫曾丘生的人，此人能言善辩，专爱结交权贵。季布原来和这个人是邻居，很瞧不起他。曾丘生听说季布做了大官，一心想巴结他，因而特地请求窦长君写了一封信给季布，将自己介绍给季布。窦长君早就知道季布对曾丘生的印象不好，劝曾丘生不要去见季布，免得惹出是非来，但曾丘生坚持要窦长君为自己引荐。窦长君无奈，只好勉强写了一封推荐信，派人送到季布那里。

季布读了信后，很不高兴，准备等曾丘生来时，当面教训教训他。过了几天，曾丘生果然登门拜访。季布一见曾丘生，就面露厌恶之色。曾丘生对此毫不在乎，先恭恭敬敬地向季布施礼，然后慢条斯理地说："我们楚地有句俗语，叫作'得黄金百两，不如得季布一诺'。您是怎样得到这么高的声誉的呢？您之前和我是邻居，如今我在各处宣扬您的好名声，这难道不好吗？您又何必不愿见我呢？"

季布觉得曾丘生说得很有道理，顿时不再讨厌他，并热情地款待他，留他在府里住了几个月。曾丘生临走时，季布还送了他许多礼物。曾丘生确实也照自己说的那样去做了，每到一地就宣扬季布如何礼贤下士，如何仗义疏财。后来，季布的名声越来越大。

在这个故事中，季布本来是很讨厌曾丘生的，但是曾丘生却凭借温言相求使季布冰释前嫌。这不能不说是语言的功劳，有谁会忍心拒绝别人的温言相求呢？

现代社会，求人办事的地方有很多，很多人因为怕麻烦，都会冷言冷语地拒绝帮忙。此时，你大可不必懊恼，你完全可以另寻理由，温言相求。人都是有感情的，在你的温和"攻势"下，别人就冷不起面来拒绝你了。

# 妙用乡音，激发对方的思乡之情

人都是有感情的，尤其是对故乡有着一种天然的割舍不断的情愫。如果游子在他乡遇到了自己的老乡，那么思乡之情就会油然而生，随之而来的就是对老乡的一种认同感。

老乡关系对于帮助我们成功办事的作用不可低估。那么，该怎样利用老乡关系呢？"乡音"就在这时派上了用场。

老乡关系与其他关系的不同之处就在于，它是以地域为纽带的，有一分"圈子"内的情存在心上。既然是老乡，双方就必然有共同点，而"乡音"就是一种最好的表达形式。

清末民初，有一位福建的小伙子下南洋谋生，身处异地，而他又身无分文，怎样才能干出一番事业呢？一个偶然的机会，小伙子听说当地有位小有名气的商人，其老家也是福建的，细打听之后，小伙子惊奇地发现那位商人是自己的老乡。于是，小伙子就大胆地找这位老乡求助。

小伙子当时根本就没有钱买礼物，但是他知道这位商人很重乡情，于是在拜访这位商人的时候，他特意用家乡话与这位老乡聊天。后来，在这位老乡的帮助下，小伙子从小生意做起，最终干出了一番事业。

用家乡话作见面礼，可以说是独树一帜，它不需要物质上的东西。在这里，有一点相当重要，那就是运用这种方法的场合，最好是在异乡，因为游子在异乡才会有恋乡情结，才会"爱乡及人"，这时再来个"他乡遇老乡"，哪有不欣喜之理？对方离乡愈久，离乡愈远，心中的那份情就愈沉、愈深。因此，越是这种情况，越要运用"乡音"这种技巧，你就越可能得到老乡所给你的种种好处。

如此看来，要与一个久离家乡的老乡处好关系，有一种特别有效的方式：运用你的语言技巧，与老乡谈论关于家乡的话题，以此来触动对方的思乡情结，达到共鸣，从而使老乡之间的关系更进一层。

# 巧选话题，拉近人与人之间的距离

人人都有长处，也都有短处。我们都希望大家多谈论自己的长处，不希望别人谈论自己的短处，这是人之常情。在和别人交谈的时候，无论是客户还是朋友，如果能直接或间接地赞扬对方的长处，就会让对方感到高兴，也会让对方对我们产生好感，从而激发彼此交谈的积极性。相反地，如果我们有意无意地提及对方的短处，对方的自尊心就会因此受到伤害，对方就会感觉到扫兴，会感到"话不投机半句多"。那么，要怎么做才能让对方打开话匣子呢？答案就是引起对方的兴趣。

"酒逢知己千杯少"，两个意气相投的人在一起总有说不完的话。因此，我们在和陌生人交往时，不妨多多寻求彼此在兴趣、性格、阅历等方面的共同之处，使双方越谈越投机，从而获得更多关于对方的信息，迅速拉近距离，增进感情。

威廉·费尔浦斯教授是个有名的散文家，他曾经这样写道：

> 在我 8 岁的时候，有一次到莉比姑妈家过周末。傍晚时分，有个中年人慕名来访，但姑妈好像对他很冷淡。他跟姑妈寒暄过一阵之后，便把注意力转向了我。那时，我正在玩航船模型，而且玩得很专注。他看出我对船只很感兴趣，便滔滔不绝讲了许多有关船只的事，而且讲得十分生动有趣。等他离开之后，我仍意犹未尽，一直向姑妈提起他。姑妈告诉我，他是一位律师，根本不可能对船只感兴趣。
>
> "但是，他为什么一直跟我谈船只的事呢？"我问道。
>
> "因为他是个有风度的绅士。他看你对船只感兴趣，为了让你高兴并赢取你的好感，他当然要这么说了。"姑妈答道。

谈论别人感兴趣的话题能够很容易拉近人与人之间的距离。对于这一点，下面的例子可以作证。

> 马里兰州的爱德华·哈里曼，退伍之后选择了风景优美的

坎伯兰谷居住，但是在这个地区很难找到工作。哈里曼通过查询得知，一位名叫方豪瑟的企业家控制了附近一带的企业。这位白手起家的方豪瑟先生引起了哈里曼的好奇心，他决定去拜访这位难以接近的企业家。哈里曼记载了这段经历：

通过与附近的一些人交谈，我知道方豪瑟先生最感兴趣的东西是金钱和权力。他聘用了一位极忠诚而又严厉的秘书，用以对付求职者。之后，我又研究了这位秘书的爱好，然后出其不意地去她的办公室。这位秘书为方豪瑟先生工作已有 15 年之久，我见到她后，开门见山地告诉她，自己有一个计划可以使方豪瑟先生在事业上大获其利。她听了我的话颇为动容。接着，我又开始称赞她对方豪瑟先生的贡献。这次交谈使她对我产生了好感，随后她为我约定了一个时间见方豪瑟先生。

进到豪华巨大的办公室之后，我决定先不谈找工作的事。那时，他坐在一张大办公桌后面，用如雷的声音问道："有什么事，年轻人？"我答道："方豪瑟先生，我相信我可以帮你赚到许多钱。"他听后立刻起身，引我坐在一张大椅子上。于是，我便列举了好几个自己想好的计划，这些计划都是针对他个人的事业和成就的。

果然，他立刻聘用了我。20 多年来，我一直在他的企业里工作、成长。

初次见面时若想给别人留下深刻的印象，就必须先拉近彼此间的距离，尽快消除初次见面的陌生感。

在社交场合中，你稍微留心就可以发现，身边的人不外乎这三种：爱说话的、爱听不爱说的和不爱说也不爱听的。

第一种，爱说话的。你若轻轻用一两句话逗起他，他便会一直说下去。你只要具备忍耐的功夫，不管他说得是否有趣，仍能细细听着，那么他就大为满意，即使你一句话也不说，也可能视你为知己。第二种，爱听不爱说的。这一种人对谈话很感兴趣，虽不大喜欢说话，但爱听别人说话。第三种，不爱说也不爱听的。面对这种情况，若是你也不说，局面就会僵持下去，那么你就得小心行事了。

很多时候，你可以从头说到尾，但你要牢记，你的话是说给对方听的，不是说给自己听的。因此，说话不在于仅图自己痛快，还必须顾及对方的兴趣，你要为听者着想。

# 一见如故，快速拉近和陌生人的关系

在我们的一生中，经常会遇到这种情况：必须和一群不认识的人打交道。你必须打破自己与他们之间的界限，消除无形的隔膜，顺利地把自己的意见和思想传达给他们，使他们能欣然接受，并赞成拥护，甚至把他们变成自己的朋友。要做到这些，绝对需要不凡的智慧。

"一见如故，相见恨晚"历来被视为人生一大快事。当今世界，人际交往极其频繁，参观访问、调查考察、观光旅游、应酬赴宴、交涉洽商……善于跟素昧平生者打交道，掌握"一见如故"的诀窍，不仅是一件快乐的事，而且对工作和生活也大有裨益。那么，如何才能做到"一见如故"呢？请看下面的例子。

　　威尔逊当选新泽西州州长后不久，有一次赴宴，主人介绍说他是"美国未来的大总统"，这本来是对他的一种恭维，而威尔逊是怎样回应的呢？首先，威尔逊讲了几句开场白，之后接着说："我转述一则别人讲给我听的故事，我就像这故事中的人物。在加拿大有一群钓鱼的人，其中有一位先生名叫约翰逊，他大胆地试饮某种烈酒，并且喝了很多。结果，他们乘火车时，这位醉汉没乘坐往北的火车，而错搭往南的火车了。其他人发现后，急忙发电报给往南开的火车的列车长：'请把那位叫作约翰逊的人送到往北开的火车上，他喝醉了。'可是，喝醉的约翰逊既不知道自己的姓名，也不知道目的地是哪儿。我现在只能确定自己的姓名，可是不能如你们所说的一样，确定自己的目的地是哪儿。"听众哈哈大笑。

一个好的话题往往是畅谈的开端，"投石问路"，选择对方熟悉并感兴趣的内容可以更好地展开谈话。

　　富兰克林·罗斯福刚从非洲回到美国，准备参加 1912 年的参议员竞选。因为他是西奥多·罗斯福的侄子，又是一位有名的律师，所以知名度很高。在一次宴会上，大家都认识他，但罗斯福认识的来宾并不多。同时，他看得出，这些人虽然都认识他，然而表情却显得很冷漠，似乎对他没有什么好感。

于是，罗斯福想了一个能接近这些自己不认识的人并能同他们搭话的主意。他对坐在自己旁边的陆思瓦特博士悄声说道："博士，请你把坐在我对面的那些客人的大致情况告诉我，好吗？"于是陆思瓦特博士便把每个人的大致情况告诉了罗斯福。

了解了大致情况后，罗斯福借口向那些不认识的客人提出了一些简单的问题。经过交谈，罗斯福从中了解到他们的性格特点和爱好，知道了他们曾从事过什么工作，最得意的是什么。掌握了这些后，罗斯福就有了与他们交谈的话题，并引起了他们的兴趣。在不知不觉中，罗斯福便成了他们的新朋友。

罗斯福当上美国总统后，依然采取和不认识者"一见如故"的说服术。美国著名的新闻记者麦克逊曾经对罗斯福的这种说服术评价道："在每一个人进来谒见罗斯福之前，关于这个人的一切情况，他早已了如指掌。"

大多数人都喜欢听顺耳之言，都喜欢别人颂扬自己。"一见如故"无异于让对方觉得你对对方的一切事情都是知道的，并且都记在心里。

我们每一个人都应当学会与不认识的人"一见如故"，因为第一次和别人打交道时，双方都不免有些拘谨，有层隔膜。如果能有人主动、大方地打破这层隔膜，双方便能很快融入进来。这样，这种假的"一见如故"在双方看来，就变成真的一见如故了。很多时候，虽然我们和一些人只是"擦肩而过"，但世界如此之小，在社会中生存的我们说不定什么时候就会需要别人的帮助。因此，和这些人"一见如故"，可能会给我们带来丰厚的回报。

如果你有机会预先知道你将结交一位陌生人，那么你就要预先向你们双方都认识的朋友探听一下对方的情况。关于对方的职业、兴趣、性格、背景等，你能够知道得越详细越好。不过，你要提防其中的某些方面，因为你的朋友或许对这位你将认识的人有偏见。如果你有机会走进那位陌生人的住所，你就要善于观察，看看能不能找到一些线索，让你对他有更多的了解。

一般家庭的家具往往不是完全根据主人的口味购置的，也不是随时可以更换的东西。可是，墙上、桌子上、窗台上那些装饰和摆设，却常常展示着主人的情调和兴趣。如果你把这些作为线索，就可以由此了解主人的一些情况，同时你也可以增长一些见识。

## 善解人意，给别人最想要的赞美

在一个人走过的人生道路上，有无数让人引以为荣的事情，而这些都是一个人人生的闪光点。这些东西又会不经意地在一个人的言谈中流露出来，例如"想当年，我刚创业的时候……""我年轻的时候……"等。对于这些引以为荣的事情，人们不仅常常将其挂在嘴边，而且深深地渴望能够得到别人由衷的肯定与赞美。

对于一位老师而言，引以为荣的往往是他教过的学生在社会上很有出息。如果你想表达对他的赞美，不妨说："×××真不愧是你的得意门生啊！现在已经是有名的作家了。"对于一位一生都默默无闻的母亲来说，引以为荣的往往是她那几个有出息的孩子，你如果对她说："你真有福气啊，两个儿子都那么有出息。"她一定会高兴不已。对于老年人来说，他们引以为荣的往往是他们年轻时的那些血与火的经历。

真诚地赞美一个人引以为荣的事情，可以使你更好地与之相处。

乾隆皇帝喜欢在处理政事之时品茶、论诗，对茶道颇有见地，并引以为荣。有一天，大臣张廷玉精疲力竭地回到家，刚想休息，乾隆忽然造访，张廷玉感到莫大的荣幸，称赞乾隆道："臣在先帝手下办了15年差，从没有这个待遇，哪有皇上来看下臣的！这真是折煞老臣了！"张廷玉深知乾隆好茶，便命人把家里的陈年雪水挖出来煎茶给乾隆品尝。乾隆很高兴地招呼随从坐下："今儿个我们都是客，不要拘君臣之礼。坐而论道品茗，不亦乐乎？"水开时，乾隆亲自给各位泡茶，还讲了一番茶经，张廷玉听后由衷地赞美道："我哪里晓得这些，只知道吃茶可以解渴提神。一样的水和茶，却从没闻过这样的香味。"另一位大臣李卫也乘机称赞道："皇上博学爱才，真叫人大开眼界，吃一口茶竟然有这么多的学问！"乾隆听后心花怒放，谈兴大发，从"茶乃水中君子、酒乃水中小人"开始，论起"宽猛之道"来，真是妙语连珠、滔滔不绝。乾隆的话刚结束，张廷玉赞道："下臣在上书房办差几十年，两次丁忧都是夺情。只要不病，与圣祖、先帝算是朝夕相伴。午夜扪心，凭天良说话，私心里也常有一朝天子一朝臣这个想头。我为臣子的，尽忠尽职而已。对陛下的旨意，尽力往好处办，以为这就是贤能宰相。今儿个皇上这番宏论，从孔孟仁恕之道发端，譬讲三朝政纲，虽然只是'趋中庸'三个字，却振聋发聩，令人心目一开。皇上圣学，真是到了登峰造极的地步。"其他人也都随声附和，乾隆大大满足了一把。

张廷玉和李卫作为乾隆的臣下，都深知乾隆对自己的杂经和"宏论"引以为豪，于是便投其所好，对其大加赞美，因而达到了取悦皇帝的目的。

在生活中，没有人不为真心诚意的赞赏所触动。抓住他人胜过别人的、最引以为豪的东西，并将其放在突出的位置进行赞美，往往能达到出乎意料的效果。在这一点上，有一个很经典的实例。

在镇压太平军的过程中，一次曾国藩用完晚饭后与几位幕僚闲谈，评论当今英雄。他说："彭玉麟、李鸿章都是人才，为我所不及。我可自许者，只是生平不好诳耳。"一个幕僚说："他们各有所长：彭公威猛，人不敢欺；李公精敏，人不能欺。"说到这里，他说不下去了。曾国藩又问："你们以为我怎样？"众人皆低头沉思。忽然走出一个管抄写的后生过来插话道："曾公仁德，人不忍欺。"众人听了齐拍手。曾国藩十分得意地说："不敢当，不敢当。"后生告退而去，曾国藩问："此是何人？"幕僚告诉他："此人是扬州人，入过学，家贫，办事谨慎。"曾国藩听完后说："此人有大才，不可埋没。"曾国藩升任两江总督后，就派这位后生去扬州任盐运使。

人们最想要的赞美一定是真诚的，那种公式化的、千篇一律的赞美最让人反感。"久仰大名，如雷贯耳""小弟才疏学浅，一切请阁下多多指教"……这些缺乏感情的、完全是公式化的恭维语，若从谈话的艺术方面看来，非加以改正不可。言之有物是说话必须具备的条件，与其泛泛地说"久仰大名，如雷贯耳"，不如说"您上次主持的讨论会成绩之佳，真是出人意料"等话，直接提及对方的工作成绩。与其恭维别人生意兴隆，不如赞美他推销产品努力，或赞美他的商业手腕高明。泛泛地请人指教是不行的，你应该择其所长，就某点请他指教，如此他一定高兴得多。恭维赞美的话一定要切合实际，如到别人家里，与其乱捧一场，不如赞美房子布置得别出心裁，或欣赏墙上的一幅好画，或惊叹盆栽的精巧。若想要讨主人喜欢，你要注意投其所好。主人爱狗，你应该赞美他养的狗；主人养了许多金鱼，你应该谈那些金鱼。赞美别人最近的工作成绩、最心爱的宠物、最费心血的设计，比说上许多虚泛的客套话更有效。

有的时候，并不是非要什么伟大举动才值得让人赞美；相反，一些微乎其微的小事更值得你给予肯定和称许。

如果某天早晨，你的丈夫偶然一次早起为你准备好了早餐，你不妨大大地赞美他一番，那他今后起床做早餐的频率将会更高。如果你的小孩有一天非常用心地在家做好了晚饭等你回家，当你回到家中，不要吃惊于孩子脸上的污渍，也不要为已经摔碎的碗碟惋惜，而先要将孩子赞美一番，即使孩子炒的菜让人难以下咽。因为你的赞美可以让孩子所做的下顿或者下下顿饭变成美味。在公司，如果某位职员记述你口述的信件的速度比你想象的要快，不妨表扬他一下，那么今后他一定会更加卖力工作。

# 新颖独特，赞别人没有赞过的美

亲爱的，如果没有你的暖心安慰，我这一下午的生活都是灰暗的。

"喜新厌旧"是人们普遍具有的心理。陈词滥调的赞美，是很没劲的；新颖独特的赞美，则使人回味无穷。

1. 用让人耳目一新的语言赞美

赞美是所有声音中最甜蜜的一种，赞美应该给人一种美的感受。新颖的语言，是具有魅力和吸引力的。简单的赞扬也可能是振奋人心的，但本来不错的赞扬如果多次单调重复，也会显得平淡无味，甚至令人厌烦。一个女人就曾说过，她对别人反复说她长得很漂亮，已经感到很厌烦了。但是，当有人告诉她，像她这样气质不凡的女人应该去演电影，给世界留下一部经典作品的时候，她笑了。

有一部国外的电视连续剧，剧中的父亲走入厨房看女儿做饭，他对女儿说："如果我们家没有你做的美味饭菜，就像天上没有星星那样遗憾。"女儿露出了特别快乐的笑容。新颖的赞语给人以清爽、舒心之感。

某歌手在哈尔滨演出时，节目主持人是如此将她介绍给观众的。

主持人：你从哪里来，我的朋友？

某歌手：我从北京来。

主持人：你像一只美丽的蝴蝶给冰城哈尔滨带来了欢乐。请问你这次能停留几日呢？

某歌手：呵呵，5日。

主持人：我们冰城的朋友热烈欢迎你的到来。

在上述案例中，主持人巧借歌曲《思念》里的歌词来向歌手发问，营造了良好的舞台氛围。如果主持人只有公式化的套词俗语，那么不但观众会觉得乏味，而且某歌手也可能会觉得腻味。而妙语连珠的赞美，既能显示赞美者的才能，也能使被赞美者更快乐地接受。

## 2. 从不一样的角度进行赞美

一些人在公共场合谈话时，往往不知道该怎样赞美别人，只能跟着别人说话，附和别人的赞美。然而，常言道："别人嚼过的肉不香。"这种做法显然不太明智。

后梁太祖朱温手下有一批鹦鹉学舌、溜须拍马之人。一次，朱温与众宾客在大柳树下小憩，他独自说了句："好大柳树！"宾客为了讨好他，纷纷起来赞叹："好大柳树。"朱温看了觉得好笑，又道："好大柳树，可做车头。"实际上，柳木是不能做车头的，但还是有五六个人说："可做车头。"朱温对这些鹦鹉学舌的人烦透了，厉声说："柳树岂可做车头！我听人说秦时指鹿为马，有甚难事！"于是，朱温把说"可做车头"的人抓起来杀了。

每个人都有优点和可爱之处。若想称赞有新意，当然要独具慧眼，善于发现一般人很少发现的"闪光点"和"兴趣点"。即使你一时还没有发现更新的东西，也可以在表达的角度上有所变化和创新。

对一位公司经理，你最好不要称赞他如何经营有方，因为这种话他听得多了，已经成了毫无新意的客套了。倘若你称赞他眼睛炯炯有神，潇洒大方，他反而会更加受用。

某将军屡战屡胜，有人称赞他："你真是个了不起的军事家。"但他无动于衷，因为他认为将军打胜仗是理所当然的事。

而当那人指着他的鬓须说："将军，你的鬓须真可与美髯公相媲美。"这次，将军欣然地笑了。

由此看来，赞美的角度很重要，新颖的角度将起到事半功倍的效果。

### 3. 用不露痕迹的方式进行赞美

赞美他人，在表达方式上是可以推陈出新、另辟蹊径的。

富兰克林年轻时，在费城开了一家小小的印刷所。那时，他参加了宾夕法尼亚州议会的选举。在选举前夕，困难出现了。有个新议员发表了一篇很长的反对他的演说，在演说中，他竟把富兰克林贬得一文不值。遇到这么一个出其不意的敌人，是多么令人恼火呀！该怎么办呢？富兰克林自己讲述道：

"对于这位新议员的反对，我当然很不高兴，但他是一位很有学问又很幸运的绅士，他的声誉和才能在议会里颇有影响。但我绝不对他表现出一种卑躬屈膝的阿谀奉承，以换取他的同情与好感。我只是在数日之后，采用了一个适当的方法。

"我听说他的藏书室里有几部很名贵、很少见的书。于是，我就写了一封信给他，说明我想看看这些书，希望他能将其借给我数天。他立刻答应了。"

富兰克林用了一种不露痕迹的赞美方式赞美新议员，润物细无声。

表达赞美的方式有很多，要针对不同人、不同场合、不同时间选择最为恰当的方式。选择赞美方式时，既要考虑表达方式的新意，又要考虑对方的感受及最后的效果。综合各方面去思考，将会找到最适宜的表达方式。

Part
06

抓住时机，
办事要伺机而动

# 当机立断，求人办事要抓时机

从图中这个例子我们可以看出，没有把握住时机，即使说得再动听，也完全不能打动人。求人办事，把握住时机是非常重要的。当我们摸清了对方的心理之后，并等到了一个合适的时机时，应该当机立断，避免犹豫不决，贻误良机。这样，就可以迅速达到自己的目的。

一个人办事想要成功，除了依赖一定的条件之外，机会的作用也是不可忽视的，韩愈的《与鄂州柳中丞书》中的"动皆中于机会，以取胜于当世"说的就是这个道理。

比如，你想要升官晋职。本单位、本部门的领导者由于某种原因，或者是工作突出被提拔了，或者到了法定年龄离休、退休了，或者因工作犯了错误而被解职了。总之，原来的职位出现了空缺，这个空缺就为你的升迁创造了一个机会。如果此时，你却在工作中犯了错误，那么这个机会很可能与你失之交臂。

时机对于成功办事非常重要，时机不出现，有时任你费尽九牛二虎之力，也将事办不好、办不成功；一旦时机出现了，你即使不想将这件事办成，也能歪打正着，这属于一种非普遍的机会。

通常，大多数的机遇都是办事主体努力创造的结果，如下级因主动承担某项重要工作而获得了广为人知的成绩，显露出了惊人的才华，从而得到领导的重视、赏识，进而晋升。

所以，要想办事成功，关键的还是要靠自己的主观努力来把握住时机。把握住时机，最重要的是要认清时机。所谓时机，就是指双方能谈得开、说得拢的时候，对方愿意接受的时候。一个人还未从车祸丧子的悲痛中解脱出来时，你却上门托他给你的儿子说媒，无疑你会碰壁；领导正为应付上级检查而忙得焦头烂额的时候，你却去找他谈待遇的不公，那你肯定要吃"闭门羹"，甚至遭到训斥。因此，只有把握好时机，才能提高办事的成功率。下面的这两种时机可以说是求对方的最佳时机。在办事过程中，你一定要注意把它牢牢抓住，这样就能取得事半功倍的效果。

## 1. 在对方情绪高涨时

人的情绪有高潮期，也有低潮期。当人的情绪处于低潮期时，人的思维就显现出封闭状态，心理具有逆反性。这时，即使是最要好的朋友赞颂他，他也可能不予理睬，更何况是求他办事。而当人的情绪高涨时，其思维和心理状态与处于低潮期时正好相反，此时他比以往任何时候都愉快，表面和颜悦色，内心宽宏大量，能接受别人对他的求助，能原谅一般人的过错，也不会过于计较对方的言辞；同时，待人也比较温和、谦虚，能听进对方的一些意见。因此，对方情绪高涨时，正是我们与其谈话的好机会，切莫坐失良机。

## 2. 在帮了对方的忙之后

中国人历来讲究"礼尚往来""滴水之恩，当以涌泉相报"。在你帮了他一个忙后，他就欠你一分人情。这样，在你有事求他帮忙的时候，他答应的可能性会大大提高。在不损伤对方利益的前提下，对于他能做到的事情，在一般情况下，他会竭尽全力去帮助你。"将欲取之，必先予之"，托人办事的时机，我们是可以进行预先创造的。

# 全盘衡量，先为自己留好退路

　　在这个世界上，我们毕竟不能独来独往。我们在办自己的事情时，有时会涉及别人的利益。因此，我们在处理事情的过程中，必须全盘衡量，把握分寸，协调好各方面的利害关系，在争取自己利益的同时，绝不能伤害他人。这就要求我们在办事情时，先为自己留好退路。

东汉时期，光武帝的姐姐湖阳公主新寡，光武帝打算再为姐姐找一位丈夫，于是就和她一块儿议论朝廷大臣，暗暗地观察公主的心意。后来，公主说："宋弘的风度、容貌、品德、才干，大臣们谁都比不上……"光武帝听说后，就有意要促成这门亲事。过了不多久，宋弘就被光武帝召见，光武帝叫湖阳公主坐在屏风后面，然后，光武帝带有暗示地对宋弘说："谚语云：'贵易交，富易妻。'这是人之常情吧？"宋弘说："臣听说，贫贱之知不可忘，糟糠之妻不下堂。"光武帝听后，转头对屏风后面的公主说："事情不顺利啊！"

很显然，这件事属于不该办的事，因为臣子宋弘有妻室，湖阳公主显然是属于"第三者"。如果光武帝办成了这件事，虽然在当时不属于违法行为，但却是违背情理的。当然，光武帝也懂得此理，所以就事先为自己留了退路，借用"贵易交，富易妻"来表达，而宋弘以"贫贱之知不可忘，糟糠之妻不下堂"来回应，既保住了皇上的面子，也巧妙地推脱了事情。

所以，当有人违背你的人生信念而托你办事时，你绝不能因贪图一时之利而不负责任地答应他、纵容他，一定要慎重考虑可能引起的后果。如果有人想整治别人，弄虚作假并求你出面作伪证，或者有人想让你同他一起干坏事，如果你不想与其同流合污，就应勇敢拒绝这类无理的要求。

另外，在办事情时，既要考虑到成功的一面，也要考虑到失败的可能，两者兼顾，方能周全。在欲进未进之时，应该认真地想一想：万一不成怎么办？以便及早为自己留一条退路。

　　出自《战国策》的"狡兔三窟"，意指兔子有多个藏身的洞穴，即使其中一个被破坏了，尚存其他洞穴。这就是一种居安思危的生存方式，也是一种有先见之明的预防策略。在办事时，我们不妨学一学这一招。

　　用最大的努力去争取好的结果，同时做好失败的心理准备以及应变措施。这样办事情，就能以不变应万变。

# 分清轻重，掂量事情的分量

事情有大有小，有轻有重，是放弃西瓜捡芝麻，还是丢掉芝麻捡西瓜，这既可能涉及自身的利益，又可能涉及他人及整体的利益。所以，在进行取舍时，就应该掂量一下事情的分量，尽量采用舍小取大、弃轻取重的处理原则。这样，虽然丢掉了小利，但换来的却可能是大利或大义。

　　蔺相如是战国后期赵国人，他本是赵国宦官令缪贤的门客，通过完璧归赵、渑池之会后，一跃成为赵国的上卿。

　　廉颇是赵国上卿，多有战功，威震诸侯。蔺相如却后来居上，这使廉颇感到很恼火，他想："我乃赵国之大将，身经百战，出生入死，有攻城野战之大功，你蔺相如不过是运用了三寸不烂之舌，竟位居我上，这实在令人接受不了。"他气愤地说："我见相如，必辱之。"从此以后，每逢上朝时，蔺相如为了避免与廉颇争先后，总是称病不往。

　　有一次，蔺相如和门客一起出门，老远望见廉颇迎面而来，连忙让手下人回转轿子躲避开。门客见状，对蔺相如说："我们跟随先生，就是敬仰先生的高风亮节。现在，您与廉颇将军地位相等，而您见了他就像老鼠见了猫一样，就是一般人这样做，也太丢身份了，更何况一个身为上卿的人呢！"蔺相如问："你们说，廉将军和秦王相比，哪个厉害？"门客答道："秦王厉害。"蔺相如说："既是秦王厉害，我都敢在朝堂上呵斥他，侮辱他的大臣们。我连秦王都不怕，却单单怕廉将军吗？"蔺相如接着说："我想强秦之所以不敢发兵攻打赵国，是因为我和廉将军。如果我们二人争闹起来，势必不能并存。我之所以这样做，是把国家利益放在前头，把个人的事放在后头啊！"门客恍然大悟。廉颇闻之，深感内疚，于是负荆请罪，与蔺相如结为"刎颈之交"，上演了一幕千古流芳的"将相和"。

蔺相如之所以能千古流芳，就在于他能忍小辱而顾全国家大义，对事情的分量掂量得好。赵国之所以不被他国欺负，就是因为有将相文武二人的威势。可见，掂量好事情的分量，不仅有利于个人关系，对集体、对国家也是幸莫大焉。所以，每个人在办事情之前，都要先把握好事情的分量，然后再去办，这样就能事半功倍。

事有大小，事有种类，事有难易；有的事关系到自己的切身利益，有的事则可办可不办。因此，我们不但要知道事情应该怎样办，而且要知道哪些事该办，哪些事不该办。

如果你觉得事情能够办成，就应该毫不犹豫地去办。但是，务必要分清轻重。

如果你觉得自己对要办的事情把握不大，就要给自己留下回旋的余地。

如果你觉得要办的事情自己没有能力办到，就不要勉强去办。

无论是工作上的还是家庭中的某些事情，能办的要及早办。

# 注意缓急，掌握办事的火候

上述故事中，小茉的老公明知道小茉在气头上，还去跟她解释，与她理论，虽然他和颜悦色、平心静气，小茉还是一句话也听不进去。这样不但没解决矛盾，还引起了新的冲突，使事情变得更加严重了。

办任何事情都应有轻重缓急之分，有的事发生后，必须马上处理，延误了就可能与预期目标相背离，或是财产损失加大，或是身家性命有危。但是，有些人际关系的处理，在发生后就想立即解决可能会火上浇油，使事态发展愈加严重，而冷却几日，使当事人恢复理智以后再处理，就可能会大事化小，小事化了。所以，处理事情要掌握好火候，这对事情的成败至关重要。

我们平时为了办好一件事，也要根据事情的轻重缓急采取行动，应该知道什么是自己该干的，什么是可以委托他人干的，什么是不可以干的。

一个小孩独自到河边玩耍，不小心掉到了水里。小孩在情急之中抓住了从岸边伸出的柳树枝。他一边拼命地抓住树枝，一边大声呼喊："救命呀，有人落水了！"这时，正好有一个人经过此处。他听到呼救声，连忙跑过来，见小孩正在死亡的边缘垂死挣扎。小孩心想，这下可有救了，于是便向这个人求救。

然而，那个人却不慌不忙地站在岸边，有条不紊地开始说教起来："你这个孩子，今天的事情就是你淘气的结果，你一定要记住今天的这个教训啊！"已经坚持不住、开始向河中心滑去的小孩哭泣道："请你还是先把我救起来后再责备我吧！"

我们不知道这个小孩最后是不是会被安全地救起，只知道这个人的说教浪费了宝贵的时间和机会。面对情况紧急的问题，明智的人首先会解决它，而不是追究问题产生的缘由。

做事要分清主次。如果你不能分清主次，就有可能捡了绿豆却丢了西瓜。也就是说，做事的关键是要知道，对自己而言什么是最重要的。如果你不分主次地乱做一通，那么你就有可能只是做了些不太有用的工作，或者是你忙了一整天，只是做了些日常琐事。如果你每天如此，那么你的一生便会碌碌无为。

那么，我们应该依据什么来分清事情的轻重缓急，设定优先顺序呢？善于办事的高手都是以分清主次的办法来统筹时间的，他们会把时间用在最有"生产力"的地方。

每天面对大大小小、纷繁复杂的事情，如何分清主次，把时间用在最有"生产力"的地方呢？下面是 3 个判断标准。

1. 我必须做什么

这有两层意思：是否必须做，是否必须由我做；非做不可，但并非一定要亲自做的事情，可以委派别人去做，自己只负责督促。

2. 什么能给我最高回报

应该用 80％的时间做能带来高回报的事情，而用 20％的时间做其他事情。所谓高回报的事情，即符合"目标要求"或自己会比别人干得更高效的事情。

早些年，日本大多数企业家会把下班后加班的人视为好员工，而如今却不一定了。他们认为，如果一个员工要靠加班来完成工作，说明他很可能不具备在规定时间内完成任务的能力，工作效率低下，而社会只承认有效劳动。

勤奋＝效率＝成绩／时间

现在的勤奋已经不是时间长的代名词，勤奋是用最少的时间完成最多的任务。

3. 什么能给自己最大的满足感

高回报的事情，并非都能给自己最大的满足感，唯有均衡才能和谐。

因此，无论你地位如何，总需要分配时间干令人满足和快乐的事情，唯有如此，工作才是有乐趣的，你才能保持工作的热情。

经过以上"三层过滤"，事情的轻重缓急已然清晰。然后，以重要性对事情进行排序，并坚持按这个原则去做，你将会发现，办事的效率大大提高了。

总之，只有在办事时掌握好火候，才能把事情办得又快又好。

# 欲速则不达，办事不要急于求成

哥们儿，我托你的事情办得怎么样了？有结果了吗？我这真的很着急。

　　有些人在求人办事时，心急火燎，巴不得对方马上着手去办。如果对方一两天没什么动静，他们便有些沉不住气了，一催再催，搞得对方很不耐烦。这不是求人的正确态度。也许，对方有自己的难处，不得不慢慢打算；也许，他真的无能为力。不过，无论对方处于什么境况，我们都必须要有耐心。请记住：如果要求人办事，就要充分相信对方。

战国时，魏国的国君打算发兵征伐中山国。有人向他推荐一位叫乐羊的人，说他文武双全，一定能攻下中山国。

乐羊带兵一直攻到中山国的都城，然后就按兵不动，只围不攻。几个月过去了，乐羊还是没有攻打中山国的都城，魏国的大臣们都对此议论纷纷。可是，魏文侯不听他们的，只是不断地派人去慰劳乐羊。

可是，乐羊照旧按兵不动，他的手下西门豹忍不住询问乐羊为什么还不动手，乐羊说："我之所以只围不打，还宽限他们投降的日期，就是为了让中山国的百姓看出谁是谁非。这样，我们才能真正收服民心。"

又过了一个月，乐羊终于发动攻势，攻下了中山国的都城。乐羊留下西门豹，自己带兵回到魏国。

魏文侯亲自为乐羊接风洗尘。宴会结束之后，魏文侯送给乐羊一只箱子，让他拿回家再打开。

乐羊回家后打开箱子一看，里面全是自己攻打中山国时，大臣们诽谤自己的奏章。

假如当初魏文侯因听信了别人的话而沉不住气，中途对乐羊采取行动，那么将是另一番结果。

求人办事就像打一场仗。在这场战争中，会遇到各种各样的突发、棘手的问题，只有那些心理素质好的人才有能力打赢这场战争，而急功近利的人往往欲速则不达。

另外，还应注意：求人办事不同于自己办事，对方要考虑事情的前因后果、方方面面，有时候还要故意做些姿态，让你看看。

这时候，你只能平心静气地等待，你不能老去打听、催问结果，否则不仅会让对方感到厌烦，而且会让对方觉得你不信任他，明明有心想要帮忙的事情，经你这么一搅和，希望倒没有了。所以，求人办事不能急于求成，这样才能让事情朝好的方向发展。

# 该做出选择时，就不要含糊

  无论我们想成为什么样的人，做什么样的事，或者是拥有什么，事实上，只要我们愿意，便可以进行选择。只要努力，我们就会有所收获。许多人很难做出一个能够改变他们一生的决定，因为他们认为自己很被动，甚至无从选择。然而，事实并不是这样的。你可以做出选择，而且每一刻你都可以做出一个重要的选择。

  我们可以思考一下如下问题：这一生我希望做什么？我的使命是什么？我来到这个世界上要做出什么成就？我要成为什么样的人？……我们可以用一些时间反复地思考所有的问题，例如"其实我想要……""我可以成为……"这些问题的答案都绝对不是白日做梦随便想想而已，它们其实就是抉择。

1.第一时间做出决策

某集团的分公司经理得到总公司的命令，要求各个分公司加大某一型号产品的进货量。第一分公司的黄经理对此感到很为难，因为这种型号的产品很多公司已经不出售，在市场上的行情也在走下坡路，能将手头的货卖出去就已经很好了，再加大进货量就是在给销售找麻烦啊！为了自己的团队在销售业绩上继续领先，黄经理来到总公司与总经理会面。总经理见到黄经理十分高兴，拿出黄经理分管的分公司上个月的销售业绩表不停地赞扬。黄经理这时才明白，总经理之所以下达上面的命令是因为看到了他的团队上个月那一型号的产品销量不错，在整个公司名列前茅。黄经理连忙将他们在销售中遇到的具体问题汇报给总经理，并告诉对方，这一型号的产品如果再进，销量一定会比上个月差，很多消费者都要求买新型号的产品。总经理一听立刻改变了决策；重新考虑后决定让各个分公司都进各种新型号的产品，而老型号的产品是否进货则由各个分公司自行决定。

要做出正确有效的决策需要领导者在决策中遵循一个合理的程序，决策者在决策时要果断，有时要凭直觉，有时要靠理性分析。不要为了将失误率降到极低而在做决策时小心翼翼，以免耽误了执行的最佳时机。

## 2. 不被过多的选择所干扰

美国哥伦比亚大学和斯坦福大学的两位心理学家研究发现，如果让消费者选择在 6 种果酱中挑一种还是在 24 种果酱中挑一种时，人们都愿意有更多的选择。可是真正决定购买的时候，在 6 种果酱中选择的人作出的购买决定，是在 24 种果酱中选择所作购买决定的 10 倍。

如果不是买果酱这样简单的消费行为，而是投资可以使人们获得收益的事件呢？研究发现，这种情况下人们的表现并没有好太多。过多的选择会使人们变得保守，不愿意为极可能获得的收益冒险。这种情况下人们可能采取一种简化策略，要么随便选一种，要么什么都不选。

比如，美国曾进行过一项关于退休基金选择情况的研究。在美国，由于政策支持，选择参与这样的基金基本上都是有利可图的，不参加就相当于把到手的钱白白扔掉。研究者考察了 647 家公司共 80 万名员工的退休基金选择情况，结果发现，当公司提供选择的退休基金只有两种的时候，有 75% 的员工选择了参与。而当退休基金的选择有 59 种时，员工参与的比例就只有 60% 了。选择多了，似乎人们在有利益的事情上反而糊涂了。

有太多的选择也不见得是一件好事，它会使人在选择时犹豫不决，从而降低了效率。选择越少，做决定越快。

Part

07

借力使力，
办事要会用资源

# 单枪匹马要不得

　　人们往往对"吃自己的饭，流自己的汗"的气概很是欣赏。人生一世，谁不渴望成为好汉，轰轰烈烈地干一场，然后让世人都知道？谁不希望自己扬名四海、名载史册？于是，为了实现自己的理想，达到自己的目的，单枪匹马上阵，生怕别人抢了自己的功，把自己埋没。然而，到头来自己却什么也占不着，还把自己的精力全消耗完了，再也提不起精神去打拼了。

人际圈中有这么一种人，他们像狮子一样，能力超群，才华横溢，自以为比任何人都强，连走路的时候眼睛都往上看。他们藐视人生规则，不把朋友的忠告当回事，甚至连上司的意见也置若罔闻，在以团队合作为主的人群里，他们几乎找不到一个可以合作的朋友。

独木难成林，再优秀的人，如果不能与团队合作，也难以取得成功。

在公司中，我们不难发现，那种很有才华，但却喜欢"吃独食"的人，让公司的管理者非常苦恼。

一位总经理提到自己当年在某大公司担任策划部主任时，遇到了一个非常没有团队意识的员工。他说："我的部门里有这样一个年轻人，他明明极为聪明，他的策划案非常有新意，点子也非常多。但是当公司开策划会的时候，他从来不主动发言，你问到他头上，他也不会一次性把所有想法都说出来。可你要求他自己出策划案时，那些火花、创意，又让你不得不承认他做得漂亮。他总是自以为是，而且经常宣称：'我自己的创意为什么要给别人？'我跟他谈过几次，一个部门的成就是大家一起缔造的。在一个集体里没有与自己无关的事。可他说：'不是我分内的事，我为什么要替别人操心？'唉，这个人是聪明人，就是没有团队意识。"

与团队意识相对立的就是个人英雄主义，一味地追求个人卓越而忽视或无视团队的成败。但是创意只有在碰撞中才会产生耀眼的火花，过强的个人意识不会与别人的思想产生碰撞，也不会产生团队的创意。因此，尽管他很聪明，但他的优秀就长远来看也是昙花一现的。因为 1 根筷子很容易被折断，10 根筷子则不容易被折断。单枪匹马在任何工作中都不可能出彩。

随着企业规模的日益庞大，企业内部分工也越来越细。任何人，不管他有多么优秀，仅仅靠个体的力量来发展整个企业是不可能的。所以，现在世界上各大优秀企业，包括世界 500 强企业，都在强调员工要具有良好的团队精神。

一滴水只有融入大海，才永远不会枯竭；一个员工只有充分融入整个企业、整个市场的大环境当中，他的能力才能充分地发挥，才能创造更大的经济效益。

协作才能发展，协作才能胜利，这已经成为今天很多企业领导者的共识。合作产生的力量不是简单的加权，团队的力量远远大于一个优秀人才的力量，协作的力量要大于每一个人力量的总和。

当年拿破仑带领法国军队进攻埃及的时候，一向所向披靡的法国军队遭到了顽强的抵抗。原来马木留克士兵都很高大，一个法国士兵根本打不过一个马木留克士兵。后来法国人发现，两个马木留克士兵能打赢三个法国士兵，而一群法国士兵就可以胜过一群马木留克士兵。原来马木留克士兵虽然高大强悍，却不重视合作，作战时都只顾自己打，同伴之间缺少接应。于是，法国士兵调整战术，避免跟他们单打独斗，靠着相互协作，最终击败了马木留克士兵。

这就是团结合作的胜利。有的人说1+1>2，团队有那么大的力量吗？让我们看看"蚁团效应"。蚂蚁是自然界最团结的动物之一，这种团结在遇到危机的时候，表现得最充分。当蚂蚁的巢穴面临洪水的威胁，它们的生命系于一线时，它们会牢牢地聚在一起，形成一个巨大的蚁团。当洪水袭来，蚁团外围的蚂蚁被洪水无情地卷走了，这些蚁团被一层层掀下来，但是仍有部分蚂蚁幸存下来。同样，当大火袭来，它们也是采取这种方法，虽然外围的蚂蚁一只只牺牲了，但是这个蚁团并没有散开。这就是著名的"蚁团效应"。一个团队里的每一个成员要都有这种蚁团精神，凝聚在一起，就没有过不去的坎。

　　因为团结就是力量，就是战斗力，所以很多公司都以团队意识作为衡量员工的标准之一。

　　微软公司前副总裁李开复在讲到团队问题时说："团队精神是微软用人最基本的原则。像 Win2000 产品的研发，微软公司有超过 3000 名开发工程师和测试人员参与，写出了 5000 万行代码。如果没有高度统一的团队精神，这项浩大的工程根本不可能完成。"

　　所以，请把个人的目标融入集体中吧，单枪匹马闯天下的时代已经过时，现在需要的是合作。

# 多一个朋友，多一条路

和谐的人际关系源于心与心的互融，在你原有的人际关系基础上，另加一个朋友，他可能给你带来生存的另一条路。

杭州曾有一家非常有名的药店叫重德堂，老板叫叶重德。

有一次，胡雪岩的夫人病了，派人到重德堂抓药，谁知有两味药发了霉，根本不能入药。胡雪岩知道后，马上派人去调换，派去的人也极力强调药是胡雪岩的夫人用的，不能马虎，谁知不提胡雪岩的名字还好，一提反而坏了。只见叶重德双手抱肩，歪着头讥讽地笑了笑，说："回去告诉你家胡老爷，我店中就只有这样的药，嫌我的药不好，就自己开一家药店嘛。"当时胡雪岩已经小有名气，哪里能忍得下这口恶气，于是他平静地对下人说："大家都是场面上的人，要相互捧场才是。我送点药给军队，也只是出于生意的需要，并没有与他争过什么市场。既然叶老板如此小瞧于我，那我就开家药铺给他看看吧！"说干就干，不久，胡雪岩的庆余堂便在杭州最热闹的地方轰轰烈烈地开张了。而庆余堂的一个最起码的服务态度就是：只要顾客对药有不满意的地方，便将药立即销毁，重换新的。由于庆余堂经营的药在质量上有保证，且真的把顾客当成了"上帝"，没过几年，庆余堂就红遍了江南，在各地开了数百家分店，并形成"北有同仁堂，南有胡庆余堂"的格局。而重德堂呢？生意则是江河日下，门可罗雀，最后走向倒闭……

其实，胡雪岩派人到重德堂抓药，叶老板本可抓住这个机会与胡雪岩改善关系，说不定还有可能由两人共同来开发军队用药这个广阔的市场呢，那岂不是两人都有利可图？可惜这个自称重德的叶老板，却是个小肚鸡肠之人，自己开着大药铺，却容不得胡雪岩送点药给别人，还公开羞辱胡雪岩。一个本来可以成为朋友的人，却让他弄成了劲敌，而且他还被劲敌打得落花流水，输得很惨。多一个朋友，就意味着当你遇到难题时，能有人在力所能及的范围内帮助你，你人生的道路将更加顺利。

　　1831 年，肖邦从祖国波兰流亡到巴黎。他由于人生地不熟，没有收入来源，生活得极为艰难。后来由于李斯特的巧妙安排，肖邦在巴黎一鸣惊人。

　　李斯特是匈牙利著名钢琴家，其精湛的技艺使整个巴黎为之倾倒。在一次李斯特的公演音乐会上，大厅里挤满了慕名而来的听众。按照当时的习惯，演奏开始，就要熄灭灯火，好让听众在黑暗中聚精会神地欣赏音乐。这一天的钢琴演奏效果极佳，使听众如痴如醉，甚为陶醉。可是，当演奏结束灯光重明时，令疯狂喝彩的听众大吃一惊的是：从钢琴前站起来答谢的是一个陌生人，而不是听众熟悉的李斯特。这个人便是肖邦。

原来李斯特趁黑暗之时，悄悄地把肖邦换了上去。试想，如果肖邦没有李斯特这个朋友，很可能还要被埋没若干年。

# 借助名人效应

名人效应这个词，大家一定不陌生。船在航行的时候，若能借助风的力量，就能取得事半功倍的效果。同样，对于一个急需发展人际关系的人来说，借助名人效应来提高自己的知名度，是最快捷有效的方式。

借助名人的光环照亮自己，也成了现在最流行的交际手段，也是被社会所承认的方式之一。因为没有哪个人一生下来就大名鼎鼎，一出山就风光耀眼、一呼百应，他们多选择先隐蔽在某些大人物的后面，借这些大人物的名望来壮大自己的声势。

由于名人是人们心目中的偶像，所以常常有着一呼百应的作用。因此，在发展人际关系的过程中，要善于借助名人效应来提高自己的威望。即便你并不认识那些名人，只要你能想办法从他们身上获得你想要的信息，并加以合理利用，就能达到宣传自己的效果。

美国一家公司所生产的天然花粉食品"保灵蜜"销路不畅，总经理为此绞尽脑汁：如何才能激起消费者对"保灵蜜"的需求热情呢？广告宣传未必奏效，因为类似的广告大家早就见怪不怪了。

正当总经理一筹莫展的时候，该公司的一位善于结交社会名人的公关小姐带来了一条喜讯：美国总统里根长期吃此食品。里根的女儿说："20多年来，我们家冰箱里的花粉食品从未间断，父亲喜欢在每天下午4时吃一次天然花粉食品。"

这家公司在得到上述信息并征得里根总统同意后，马上发动了全方位的宣传攻势。于是，"保灵蜜"风行美国市场。

众所周知，名人是人们生活中接触比较多且比较熟悉的群体，名人效应也就是因为名人本身的影响力，而在其出现的时候达到影响加强的效果。所以，在现代人际交往中，学会借名人的光环照亮自己，一定会为你的事业增色不少。

# 巧借他山之石为自己攻玉

一位盲人和一位腿有残疾的人因不能顺利去食堂打饭而苦恼。后来盲人灵机一动："老兄，我背你，你给我引路，咱们一道去打饭，好吗？"腿有残疾的人欣然应允。于是两个残疾人团结合作，成功地吃到了饭。

我们每个人都有自己的长处和短处，我们如果能够"相互支撑"，就可以干成许多本来干不成的事，享受到更多的欢乐。

世界上有三借——借人、借势、借钱，这都是成事之道。借人、借势是聪明人常用的成事之道，它可以利用对方的优势来弥补自己的不足，至少可以弥补自己在才智、人力方面的不足。这很容易令人想到"三十六计"中的"借刀杀人"。此计告诉人们："借"字为利用他人成事之要诀。

古之借风腾云，借名钓利，借鸡生蛋，无不是讲究一个"借"字，讲究借助外部力量而求得发展。帆船出海，风筝上天，无不是"好风凭借力，送我上青云"。而人的成功，也需要借力。

生命的成长，都依靠心灵从四处吸收营养，而这种营养，官能的感觉是不能觉察、不能测量的。一个成功人士，肯定有着良好的人际关系。一个成功人士背后，肯定有着发达的关系网。

所以，一个人的力量有多大，不在于他能举起多重的石头，而在于他能获得多少人的帮助。一幅名画中最伟大的东西，不在于画布上的色彩、影子或格式，而在于这一切背后的画家的人格中，那是黏着在他的生命中，由他所传袭、所经历的一切的总和所构成的一种伟大的力量。

任何人都应该学会待人接物、结交朋友的方法，以便互相提携、互相促进、互相尊重，因为单枪匹马难以成功。

# 学会借用别人的智慧

老谭，我知道你在内容把关方面是专家，我想请你来我的公司做总编辑，咱兄弟俩再创一番事业。

　　人要是能够发现别人的才能并为自己所用，就等于找到了成功的力量。聪明的人善于从别人身上汲取智慧的营养来充实自己，从别人那里借用智慧，比从别人那里获得金钱更为划算。

　　一个人有无智慧，往往体现在做事的方法上。山外有山，人外有人。

自然，借用别人的智慧，助己成功，是必不可少的成事之道。你应该明白：不嫉妒别人的长处，善于发现别人的长处，并能够为己所用，能够协调别人为自己做事，与合作人之间建立良好的信誉，是成大事的基本法则。

如果你觉得有必要弥补某种你所欠缺的才能，不妨主动去找具备这种特长的人，寻求其帮助。

《圣经》中的摩西算是世界上最早的教导者之一了。他懂得一个道理：一个人只要得到其他人的帮助，就可以做成更多的事情。

当摩西带领子孙们前往上帝许诺给他们的领地时，他的岳父杰塞罗发现摩西的工作实在过多，如果他一直这样下去的话，很快就会吃苦头了。于是，杰塞罗想法帮助摩西解决了问题。他告诉摩西将这群人分成几组，每组 1000 人，然后再将每组分成 10 个小组，每组 100 人，再将 100 人分成两组，每组各 50 人，最后再将 50 人分成 5 组，每组各 10 人。然后杰塞罗又教导摩西，要他让每一组选出一位首领，这位首领必须负责解决本组成员所遇到的任何问题。摩西接受了建议，并吩咐那些负责 1000 人的首领，分别找到知己和伙伴。

用心去倾听每个人对你的构想、计划的看法，是一种美德，也是一种虚怀若谷的表现。我相信，虽然对于他们的看法，你可能不都赞同，但有些看法和心得，一定是你不曾想过、考虑过的。广纳意见，将有助于你迈向成功之路。

即使你碰上了向你浇冷水的人，就算你不打算与他们再有牵扯，但你不妨想想：他们不赞同你的原因是否很有道理？他们是否看见了你看不见的盲点？他们的理由和观点是否与你相左？他们是不是以偏见审视你的构想？问他们深入一点的问题，请他们解释反对你的原因，请他们给你一点建议，并中肯地接受。

另外还有一种人，他们无论对谁的梦想都会大肆批评，认为天下所有人的智商都不及他们。其实他们根本不了解你想做什么，只是一味地认为你的构想一文不值，注定失败，连试都不用试。这种人为了夸大自己的能力，不惜把别人打入地狱。要是碰上这种人，别再浪费你宝贵的时间和精力，苦苦向他们解释。因为他们不值一顾，你还是去寻找能够与自己一同分享梦想的人吧。

# 寻找生命之中的贵人

刚入这行的时候，我工作一直不顺利，多亏严老师您推了我一把，我才有了今天的成绩。您就是我的贵人，我要敬您一杯！

　　"七分努力，三分机遇。"我们一直相信"爱拼才会赢"，但偏偏有些人就算拼了命也不见得能赢，其中的关键在于缺少贵人相助。在人生的漫漫征程中，贵人相助往往是不可缺少的一环。

　　什么是"贵人"呢？你的事业总会受到别人或多或少的影响，凡是能对你的事业施以援手、产生积极影响的人，都可能是你人生旅途中的贵人。或者说，所有能让你命运顺畅的人，都是你的贵人。

你背井离乡，初到一个陌生的地方谋生，不知何处才是落脚之地，就在你感到茫然无助的时候，遇到一位好心人给你指点迷津，解决了你的难题。通常，在你的一生中，总会碰到几个贵人。例如，你在工作中一直不是很顺利，表现不佳，心灰意冷之余，你开始打退堂鼓，你的一位上司在这时候推了你一把，设法帮助你跨过了门槛，重燃你的斗志。

贵人可能是某位身居高位的人，也可能是你心仪已久或欲模仿的对象，他在经验、专长、知识、技能等方面都略胜你一筹。因此，他们也许是师父，也许是教练，也许是引荐人。但是，人们往往并不知道什么时候需要那些贵人的帮助。因此，最好的策略就是心存厚道，尊重且善待所有人。

究竟谁会对你伸出援手，哪里会有这种人呢？这个问题没有人能够回答。只能这么说：任何人都有可能成为对你施以援手的贵人，他可能是你工作上的伙伴或上司，可能是上学时的同学，甚至有可能是一位不曾谋面的陌生人。但总体来说，交际范围愈广，结识贵人的机会就越多。

有一位在北京读书的小伙子，有一天在街头遇见了两位老人，这两位老人都不会说普通话，手中拿着一份地图，显得很彷徨。这小伙子天生一副热心肠，走过去问两位老人要不要帮忙，老人拿手指给他看一个地址。小伙子心想，他们既然知道去哪，怎能不知道怎么走呢？不过他还是决定把两位老人送到目的地。两位老人让他留下了姓名、联系方式。几个月后，一封来自加拿大的信交到这位小伙子手中，原来两位老人是加拿大华裔。他们邀请小伙子到加拿大去旅游，如果他愿意，他们还愿意出钱让他在加拿大最好的大学念研究生。

由此可见，贵人相助的确对人生有益。一份调查表明，凡是中、高级及以上的主管，绝大多数都受过栽培；至于做到总经理的人，大多遇到过贵人；自己当老板创业的，大部分人都曾被人提拔过。

不论在何种行业，"老马带路"向来是传统。其目的不外乎是想栽培后进，储备接棒人才，这些例子在运动界、艺术表演界颇多。俗话说："师父领进门，修行在个人。"如果你一无所长，却侥幸得到一个不错的位置，那么你后面肯定有一堆人等着看你的笑话。毕竟，千里马表现的好坏，代表着伯乐的识人之力。找到一个扶不起的人，对贵人的荐人能力，也是一大讽刺。所以说，要想被贵人"相中"，首要条件还是在于自己究竟有没有实力。

# 变换思路，办事要打破陈规

# 没有办不到，只有想不到

　　成功从根本上讲，是"想"出来的。成功的候选人往往具有敢"想"、会"想"和善于思考等特征。杰出人士善于思考，完成别人做不到的事，把自己本来办不成的办成。当他人失败时，如果你能从他人的失败中汲取经验教训，并付诸行动，你就可能成功。当你失败了，如果能变换思路，再付诸行动，同样可能获得成功。如果你想要少做一些工作，但仍想得到想要的东西，那么你必须思考得更多。当然，如果你的想法本来就是错误的，那再多的思考也是无益的。你的想法应该是高质量的、积极向上的且富有创造性的。

平庸的人往往不是懒得动手，而是不爱动脑筋，他们的发展受到了这种习惯的束缚。而那些优秀的人都是善于思考的，善于发现问题、解决问题，不让问题成为人生难题。可以这么说，思考酝酿出了许多有价值的想法和规划。一个不善于思考的人，会被许多进退维谷的情况难住；相反，善于思考的人往往能运筹帷幄，做出正确的决定。

曾有电视台对比尔·盖茨做过专访，他谈到了自己作为微软公司总裁，再也没有编写软件的时间了。但是无论多么忙，他每周总会抽两天时间，到一个宁静的地方待一待。为什么呢？他说，面对繁重的工作和激烈竞争的 IT 市场，他作为管理者，不能把精力浪费在烦琐的小事上，他必须用专门的时间去思考，这样做出的决策才能具有战略意义。

清末的曾国藩也有这样的习惯。即使战事再紧张、政务再繁忙，他每天都会挤出一个时辰在一间静室里静坐，这既能让自己心情平静，也能使自己思路清晰。

从上面两个例子我们可以看出，但凡成就大业的人必须懂得思考。我们只有通过专注的思考才能集聚自身的力量、勇气、智慧等去攻克某一方面的难题，进而获得成功。

思考能创造出完美的计划、合理的目标。你的思考能力，是你唯一能完全控制的东西。你可以以智慧或愚蠢的方式运用你的思想，但无论你如何运用它，一定的力量都会显现出来。我们要成就大事，思考事业、思考自己、向自己发问是首要的。只有养成这样的习惯，在事业的开创过程中不断思考，对自己做过的、正在做和将要做的事了然于胸；不断向自己提出问题，弄清楚自己还应该弥补哪些不足之处，哪些是应该改正的错误，还应该向人请教什么；等等。只有这样，你才会不断前进，走向成功。

向自己或别人提出问题，可能会使你获得丰厚的回报。一个伟大的科学发现就是通过这种方式产生的。

从前，一个年轻的英国人在他家的农场里度假休息，他仰卧在一棵苹果树下思考问题。突然，他的脑袋被一个掉下来的苹果砸中了。

"是什么原因让苹果朝下落而不是朝上飞呢？"他问自己。这个年轻人就是牛顿。从此，他对这个问题进行了不懈的研究，万有引力定律因此而被发现。

我们要养成有价值的习惯，在下决心之前，务必多问自己几个为什么，注意整理自己的思路。这可以让人有一次机会将自己的思绪整理清楚，或回想自己为什么会有这种决定。这个过程虽然看起来简单，但成效和收获就潜藏在处理问题的过程之中。

积极思考是现代成功学非常强调的一种智慧力量。如果盲目地去做一件未经思考的事，那肯定是鲁莽的，也是会栽跟头的，除非你特别幸运。然而你不可能永远都如此幸运，所以三思而后行是最妥当的办法。

养成勤于思考的良好习惯后，便会充满力量。19世纪美国作家、批评家洛威尔曾经说过："真知灼见，首先来自多思善疑。"另一位十分重视独立思考的人就是爱因斯坦，他说："高等教育必须重视培养学生具备会思考、探索的本领。"人脑的思维本领是解决世上所有问题的秘诀，而不是照本宣科。

面对复杂而规律的工作，我们应该有灵活而清晰的思维。要保持工作的高效率，正常运转的头脑和灵活的思维必不可少。比如说，闲暇时可以做一些训练思维和敏捷力的题，多思考一些人生哲理和未来计划，或者看完一部电影后，和朋友讨论、分析它的优缺点。重点是，要经常用脑进行积极思考，使自己能够敏锐地看待周边事物。

灵活的头脑有助于记忆力的增长，良好的记忆力能有效保障工作效率。虽然有很多事情可以记在备忘录上，但如果填写、查看备忘录要占用很多时间的话，这也不是很有效率的做法。因此，最高效的方法还是依靠自己的头脑。

要明白自己更为常用或发达的是左脑还是右脑。一般来说，左脑发达的人通常在数理或分析方面的能力较强，对艺术等感性的东西更敏感的人通常右脑更发达。

经常使用左脑的人，应该多锻炼锻炼右脑，例如多听听音乐，多看一些展览，多参加一些趣味性的活动，只要能"极尽感性之能事"，便能使以往理性的生活得到协调；而对于已经颇具艺术感的人来说，右脑已经十分发达了，应该着重对左脑做一些建设性训练。例如，尽量多用心算，少用计算器；多阅读，经常理性地分析、理智地判断某些事。

此外，脑部也可以通过一些日常生活中的小运动得到锻炼。比如，抓住一切机会锻炼自己的左手。因为大部分人经常使用右手，这样右脑所管辖的左手运动量就大大地减少了，所以开发右脑的一种好方法就是多使用自己的左手。

除此以外，还可以用左手做一些简单的事情，如拿杯子喝水、换电视频道、用手机发短信等。无论如何，多做运动有许多好处，可以达到"头脑不简单，四肢很发达"的效果。

加强训练可以提高记忆力。比如，你同时有三件事要办，尽管三件事互不相干，但如果你用一个线路图来记忆这三件事的办事地点，就不会那么难了。

一些人习惯死记硬背，而使得富有创造力的右脑很少被开发。所以，有机会要努力尝试做一个"印象派"的人，让文字记忆被"画面印象"的方式代替。用"画面印象"的方法来记忆东西，右脑潜能能够被有效激发出来，启发人的创造力，还可以增强记忆力，节省时间，这一方法能大大提高办事效率。

# 冲破定式，打破习惯

> 有一位听力障碍人士想买锤子，就来到五金商店，对着售货员做了一个右手握拳敲击的手势。于是售货员明白了，给他拿了一把锤子。接着店里进来一位盲人，这位盲人想要买一把剪刀，请问，盲人将会怎么做？

> 盲人肯定会这样。

　　很显然，上述故事中右边的人就是陷入了思维定式中，盲人完全可以直接对售货员说自己想买一把剪刀。关于思维定式，有一个特别经典的案例。

法国著名科学家法伯发现了一种很有趣的虫子，"跟随"的习性是这种虫子的特征。它外出觅食或者玩耍时，都会跟随在另一只同类的后面，思维方式从未改变，没想过另寻出路。发现这种虫子后，法伯做了一个实验。他捉了许多这种虫子，然后把它们一只只首尾相连，放在了一个花盆周围，一些这种虫子爱吃的食物被放在离花盆不远的地方。一小时之后，法伯观察到的景象是，虫子一只只不知疲倦地围绕着花盆转圈。一天之后，法伯再去观察，情况依然如此，没有丝毫变化。七天之后，法伯去看，花盆周围躺着一只只首尾相连的虫子的尸体。

后来，法伯将这样一段话写在了他的实验笔记中：这些虫子死不足惜，如果它们中的一只能够换一种思维方式，那些美味的食物就会被发现，虫子的命运也会迥然不同，至少不会在离食物很近的地方被活活饿死。

人的思维也一样。某种思维定式一旦形成，人们就会顺着思维定式思考问题，不愿也不会转个方向、换个角度，这种顽固的"难治之症"存在于许多人身上。

这种思维定式能产生极大的影响。有些人总是经年累月地按照一种既定的模式运行，从未尝试走别的路，这就是他们消极厌世、感到疲劳乏味的原因所在。不换思路，生活也就是乏味的。

世上的事情有时就是简单得让人难以置信：失败往往与墨守成规紧密相连；相反，如果你稍微动一下脑筋，改变传统的思维方式，就能获得成功。比如，那种具有"跟随"习性的虫子为什么就不能动动脑筋，革新自己的固有习性——改变那种跟在别的虫子之后盲目奔跑的惯性？

大象是一种强壮、高大的动物。当一头年轻的野生大象被抓到时，猎手们会用金属圈套住它的腿，把它用链子拴在附近的榕树上。自然，大象会尝试着挣脱，但尽管做出了巨大的努力，它还是不能成功。经过几天挣扎并且伤了自己之后，它有了即使自己努力挣脱也毫无用处的想法，最后它放弃了。从此刻起，这头大象就会乖乖地被拴在树上，即使猎手只用了一根细绳和一个木桩。

思维定式容易使人产生思想上的惰性，会在不知不觉中影响人们的行为。头脑僵化的倾向也存在于一种叫梭鱼的鱼类中。

通常情况下，梭鱼会就近攻击在它附近游泳的鲦鱼。有人做了一个实验，一个装有几条鲦鱼的无底玻璃钟罐被放进了一个梭鱼鱼箱里。这条梭鱼立刻向钟罐里的鲦鱼发动了几次攻击，结果梭鱼被玻璃壁撞得鼻青脸肿。经过几次惨痛的尝试之后，梭鱼最终放弃，再没有留意过钟罐里的鲦鱼。钟罐被拿走后，鲦鱼们可以自由自在地在水中四处游荡，就算它们离梭鱼很近，梭鱼也继续忽视它们。这种错误观念形成后，这条梭鱼很可能活活饿死也不会留意自己周围存在的丰富食物。

以上两个实验给了我们一些启示：当人类也像其中的大象和梭鱼一样被安排进了一个圈套，选择逆来顺受和视而不见往往是因为不能挣脱束缚。

# 独辟蹊径，以奇制胜

《孙子兵法》中说："凡战者，以正合，以奇胜。故善出奇者，无穷如天地，不竭如江海……"意思是说，以"正"迎敌，以"奇"取胜。所以，善于出奇制胜的将帅，其战法变化就像天地那样无穷无尽，像江河那样不会枯竭……

21世纪初，在冷饮和乳品市场上，价格战日趋激烈。蒙牛乳业集团创始人牛根生决定利用自己在地域、人力、能源等方面成本的相对低廉，又有一定的企业规模，让自己的产品以低价取胜。因此，他们向全国消费者做出承诺：在全国市场上，同等价格的产品，蒙牛的质量最优；同等质量的产品，蒙牛的价格最低。

1999 年 4 月 1 日，蒙牛的广告一夜之间在呼和浩特的大街小巷布满了。2001 年 7 月 10 日，离揭晓 2008 年奥运会主办城市还差 3 天，蒙牛宣布，一旦北京申奥成功，蒙牛将捐款 1000 万元。2003 年 10 月 16 日，"神舟五号"顺利返回，与此同时，牛根生一声令下，候车亭、超市、电台、报纸、广播一起行动，几个小时之后，"航天员专用牛奶"的广告便铺天盖地出现在北京、上海等大城市的路牌和建筑上；晚上打开电视，在包括中央电视台在内的数十家电视台的黄金时间看到蒙牛"发射——补给——对接篇"的广告等。他们凭借奇特的营销广告战术，将蒙牛的品牌在老百姓的心目中牢牢地树立了起来。

东汉末年有这样的一次战斗。

196 年，孙策为解除江南的后顾之忧，集中力量与曹操争雄，在固陵发起偷袭王朗的战争。会稽太守王朗顽强抗击，孙策从水上连续数次进攻都未能奏效。这时，孙策的叔父孙静建议说："王朗凭借坚固工事进行防御，不容易被攻克。这里向南数十里是查渎，是通向会稽的要害之地。我们最好从那里进攻，这就是所谓'攻其无备，出其不意'呀！我愿率部队充当先锋，打垮他是毫无疑问的。"孙策采纳这一建议，首先制造假象，伴示部队主力仍然集中在原处，然后利用夜暗从查渎迂回到王朗的侧后，突然发起进攻。而这时的王朗惊惶失措，他的兵由于战败而逃窜，会稽一带也归孙策所有。

"攻其无备，出其不意"是孙武"权诈之兵"的精髓，是战术选择的总则。这可以从以下几个方面理解。在进攻发起阶段，它可以在对手没有戒备的情况下，或者以对手意想不到的时间、地点、方式，突然实施打击；在短时间内取得军事上的巨大效果，并使对方在慌乱中做出错误的判断，采取错误的行动，招致连连失败。在战争开始或进行中，它又是一种避实就虚的制胜谋略，尤其在敌强我弱的情况下，可以指导人们攻击对手意想不到的薄弱环节，从而以弱胜强，以少胜多。因此，历代兵家都把它视为珍宝，推崇备至。

"奇"字则是"攻其无备，出其不意"的核心，它利用对方的惯性思维弱点，来捕捉对方的思想空隙，从而突破人们思维的常规、常法和常识，反常用兵，从而获得胜利。邓艾偷渡阴平，就是这一谋略的出色运用。

魏景元三年（262 年），魏国兵分三路，大举伐蜀。在连连失利的情况下，蜀将姜维集中兵力退守剑阁。由于蜀军扼守险要，魏镇西将军钟会屡次进攻不能奏效，加上粮道险远，军众乏粮，钟会打算撤退。这个时候，魏征西将军邓艾利用钟会和姜维相持的机会，亲率精锐自阴平经荒无人烟之地，凿山开道，搭造桥阁，涉险奔袭。一路上山高谷深，极为艰险。来到摩天岭时，峭壁悬崖，不能开凿，眼看陷入绝境。邓艾率先以毡裹身，从高山上滚了下去，其他人有毡的依法炮制，无毡的用绳索拴住腰，抓住树枝藤条，沿着悬崖峭壁，一个跟着一个向前攀援，终于越过了摩天岭。当仅有两千人的魏军出现在蜀军面前时，蜀军惊惧奔逃，一片混乱。魏军势如破竹，迅速占领了江油、涪城和绵竹等城，直抵成都城下。

现代的企业家想要运用"出其不意"的谋略，就要在"奇"字上绞尽脑汁去创造。

# 不破不立，勇于打破规矩

我觉得现在的双十一活动规则太复杂了，设置什么定金、尾款、膨胀金，让消费者感到厌烦，我们应该打破这种规则。

11·11活动

对，我也有这种感觉。

　　人活着，要有规矩。倘若没有规矩来限制人，控制某些事情的发生，就会导致混乱。

　　但是，规矩是人定的，是人为了社会安定，为了生活更美好而定的。但因为时代的改变、社会的进步，曾经帮助过我们的规矩如今确实无用了，如果我们还死守它的话，必将有百害而无一益。

　　嬴政的父王驾崩，嬴政意欲以千百人陪葬。见此情形，太
史李斯认为此做法不妥，于是他建议用人形陶俑殉葬。嬴政对
此不解，他以为自先王建国以来，但逢大王驾崩，都是以活人
殉葬的，若以陶俑取代活人怕坏了之前的规矩。
　　李斯进一步向嬴政阐明道理：规矩是死的，人是活的。规矩
是人定的，规矩不对了，可以对其进行正确的修改。如今六国尚
未统一，北方修筑长城抵御匈奴进犯一事又刻不容缓，全国大部
分男丁已被征召，当下再抓人殉葬，怕民心难稳。且古有秦孝公
任用商鞅变法之举，此举可谓不顾先前礼法，但最后还是大获成
功了。嬴政不禁被说动了心，最后采纳了李斯的建议。


　　以上的故事正好说明了打破规矩、灵活变通的道理。幸好当时有李
斯这样的能人，又幸好嬴政开明，不被旧思想禁锢，不然的话，哪来后
世的秦始皇统一六国、秦始皇兵马俑和万里长城。
　　你们是不是也曾抱怨命运不公，是不是曾觉得生活处处存在着竞争
与压力？那么，假如你们真的这样想的话你们为何不勇于打破这样的生
活、这样的规矩呢？一辈子不破不立，按照规矩做事的人，或许只能是
一生平庸、没有作为的人。要勇于打破这些规矩，才会慢慢地走向成功。
　　打破规矩之前需要积蓄力量，你想打破规矩必须有打破规矩的能力。
这种能力从何而来？通过长期积累而来。如果一上来就胡乱地打破规矩，
那么规矩不仅不能被打破，而且连自身都难保。

# 创意从不按常理出牌开始

　　创意不是一般意义上的模仿、重复、循规蹈矩。大多数人都能想到的绝不是好的创意，实际上根本就谈不上创意。好的创意必须是新奇的、惊人的、震撼的、实效的。物以稀为贵，是事物不变的通则。

瑞士一家造纸公司推出了一款新型卫生纸，这种纸看上去与普通卫生纸并无两样，它的广告语是"可以擦眼镜的卫生纸"。这句看似平淡无奇的广告语，却包含着商家对消费者细致入微的关怀。

这家公司在生产这款卫生纸之前，特地让所有员工暗中观察身边的人使用卫生纸的情况，从而了解卫生纸的非常规用途。一个月之后，公司将所有的观察记录进行汇总，发现许多戴眼镜的人在日常生活中都有一个习惯，就是将卫生纸作为眼镜抹布使用。当然，这类人在全国总人口中所占的比例是很小的，在瑞士，戴眼镜的人不到总人口的三分之一。而调查结果显示：将卫生纸作为眼镜抹布使用这一习惯的人在戴眼镜的人群中约占15%。按照这个比例算下来，绝对人口数量显然是非常庞大的。

他们知道，市面上的普通卫生纸比眼镜抹布要粗糙一些，不适合用来擦眼镜。于是，这家造纸公司决定针对这部分人，专门生产出可用于擦眼镜的卫生纸。结果这种产品一经上市，立即赢得戴眼镜者的青睐。一时间，这家公司独占这一市场空白，赚得盆满钵溢。

有时，其实只需要将事情做得更细腻一些，更体贴一些，便可以赢得先机。从看似平凡的日常生活中提取撼动人心的创意，除了需要有细致入微的观察力之外，还要有过人的思考能力。如果不是有特别的创意，而是随大流，就很难把事情做得很好，很成功。要想有好的创意，就必须先从不按常理出牌开始。如此一来，也许你获得成功的机会就会大一些。不妨去试试吧，也许你得到的就会是另一种结果。开动脑筋，开发自己的创新思维，希望或许就在拐角处。

# 常变常新，让思路也与时俱进

在一个建筑工地上，有位社会学专家对正在砌墙的三个工人进行了随机调查。专家问第一个砌墙的工人："你在干什么？"第一个砌墙工人没好气地说："没看见吗？砌墙。"专家又问第二个砌墙的工人："你在干什么？"第二个砌墙工人抬起头，笑了笑说："我们在盖一幢高楼。"专家再问第三个砌墙的工人："你在干什么？"第三个砌墙工人一边砌墙一边哼着歌曲，笑容灿烂，他开心地回答："我们正在建设一个新城市。"十年后，上述故事中的三个建筑工人有了截然不同的人生。第一个人在另一个工地上砌墙；第二个人坐在办公室中画图纸，他成了工程师；第三个人成了前两个人的老板。

这个故事告诉我们，你手头的平凡工作其实正是大事业的开始。只有打破常规思维，意识到平凡工作的意义，你才有可能在将来成就一番大事业。

创新思路对于每个人来说都是至关重要的，有了创新思路你才能创造出别人创造不出的东西。每件事情都在变化，思路也是，常变常新，让你的思路也与时俱进。有了创新思路，你就会发现，原来这个世界上还有好多东西都是你没有想到的。

欧拉是数学史上著名的数学家，他在数论、几何学、天文数学、微积分等好几个数学的分支领域中都取得了出色的成就。不过，这个大数学家在孩提时代却一点儿也不讨老师的喜欢，读小学时就被学校除了名。

离开校园后，他就帮助爸爸放羊，成了一个牧童。他一面放羊，一面读书。他读的书中，有不少数学书。

爸爸的羊群渐渐增多了，达到了 100 只。原来的羊圈有点小了，爸爸决定建造一个新的羊圈。他用尺量出了一块长方形的土地，长 40 米，宽 15 米，一算，面积正好是 600 平方米，平均每只羊占地 6 平方米。正打算动工的时候，他发现材料只够围 100 米的篱笆，不够用。若要围成长 40 米、宽 15 米的羊圈，其周长将是 110 米（15+15+40+40=110）。父亲感到很为难。若要按原计划建造，就要再添 10 米长的材料；要是缩小面积，每只羊的面积就会小于 6 平方米。

小欧拉却对父亲说，不用缩小羊圈，也不用担心每只羊的领地会小于原来的计划。他有办法。父亲不相信小欧拉会有办法，就没有理他。小欧拉急了，大声说，只有稍稍移动一下羊圈的桩子就行了。

小欧拉见父亲同意了，站起身来，跑到准备动工的羊圈旁。他以一个木桩为中心，将原来的 40 米边长截短，缩短到 25 米。父亲急了，说："那怎么成呢？那怎么成呢？这个羊圈太小了，太小了。"小欧拉也不回答，跑到另一条边上，将原来 15 米的边长延长，又增加了 10 米，变成了 25 米。经这样一改，原来计划中的羊圈变成了一个边长为 25 米的正方形。然后，小欧拉很自信地对爸爸说："现在，篱笆也够了，面积也够了。"

父亲照着小欧拉设计的羊圈扎上了篱笆，100 米长的篱笆真的够了，不多不少，全部用光。面积也足够了，还稍稍大了一些。父亲心里感到非常高兴。孩子比自己聪明，真会动脑筋，将来一定大有出息。

父亲感到，让这么聪明的孩子放羊实在是太可惜了。后来，他想办法让小欧拉认识了一个大数学家伯努利。通过这位数学家的推荐，1720 年，小欧拉成了巴塞尔大学的大学生。这一年，小欧拉 13 岁，是这所大学年龄最小的大学生。

让思路随着时间的流逝而变得更新更好，就会发现一些别人通常无法发现的问题，解决一些别人无法解决的问题。思路常变常新，才能保证我们在竞争激烈的社会拥有一席之地，不被淘汰。